Die Sonne scheint den ganzen Tag... sie schenkt allem Leben die Wärme, die es braucht, sie ist auch der Ursprung aller Energien wie der Kohle und des Windes. Sie ist einfach da. Und wir verkriechen uns in Betonklötze, heizen sie mit Atomstrom oder viel Feuer, daß die Sonne durch die verpestete Luft gar nicht mehr richtig zu uns kommt ??? 1

In unseren Breiten fällt im Sommer auf jeden Quadratmeter pro Tag eine Sonnenenergiemenge von 4-5 Kilowattstunden ! Im Winter ist es weniger, aber immernoch genug, um mit einfachen Selbstbastelwerken zB. Warmwasser zu bereiten oder die Wohnung mitzuheizen.

Um allein mit Sonnenwärme das Haus zu heizen, sind größere Anlagen nötig, vor allem ein guter Wärmespeicher. Aber auch das ist im Selbstbau möglich, allen Urteilen von "Experten" zum Trotz stehen sogar in Dänemark Häuser, deren Sonnenheizung selbst im kältesten Winter reicht. In Süddeutschland ist der Ertrag ca doppelt so groß wie hier im Norden!

Und da reden uns die Herren der Wirtschaft ein, mit solchem Selbstbaumurks sei nichts zu machen, wir müßten schon teure, hochkomplizierte Industrieprodukte kaufen. Nein, Sonnenanlagen sind "Technik fürs Volk", spottbillig aus Abfall zu basteln und fast so gut wie Fabrikware.

Zum Experimentieren, für Fahrt und Zeltlager oder einfach aus Spaß am Basteln entstanden die kleinen, im ersten Teil des Heftes beschriebenen Sonnenwärme-Werke, einige höchst nützlich für den Alltagsgebrauch. Der hintere Teil des Heftes zeigt den Bau lose oder fest installierter Anlagen zur zuverlässigen Warmwasserbereitung für den ganzen Haushalt.

Abgesehen vom Selbstbau von Doppelfenstern und - wo möglich - dem Wandisolieren ist der Bau eines Sonnenkollektors das Bastelwerk, das mit dem geringsten Aufwand an Material, Zeit und Kosten mit Abstand am meisten Energie spart. Ideal sind fest installierte Kollektoren auf (Vor)dächern. Aber auch auf dem Balkon oder im Garten ist genug Platz für einen lose aufgestellten Kollektor, der einen guten Teil des Wassers für den Haushalt erwärmt. So ein Kollektor, eimerweise zu füllen oder mit Gartenschlauch angeschlossen, ist ohne weiteres in 2 Tagen gebastelt und kostet, aus Altmaterial gebaut, weit unter 3o Euro.

Mit Sonnenenergie Strom zu ersetzen ist besonders pfiffig, denn Strom sparen heißt mindestens dreifach Energie sparen wegen des Umweges über die Kraftwerke. Hast Du einen Sonnenkollektor, kannst Du den Elektroboiler fortan abschalten. Und die Waschmaschine kannst Du (zur Not mit 2 Eimern Wasser durch die Waschmitteleinfüllöffnung) mit sonnengewärmten Wasser füllen. Weil die Waschmaschine, mit Kaltwasser gefüllt, den meisten Strom fürs Heizen verschwendet, spart das je nach Waschgang und Temperatur 2/3 bis 9/1o des Verbrauchs, also 1/2 bis zwei Kilowattstunden Atomstrom. Den Wäschetrockner (Verbrauch wie 1oo Lampen!) ersetzt Du durch Wäscheleinen unterm Sonnen-Vordach, und zum Spülen von Hand hast Du jede Menge Gratis-Warmwasser (Stromfresser Spülmaschine adé)...

Ich empfinde es auch einfach als ein besseres Lebensgefühl, wenn ich die Sonnenwärme nutze und von Öl, Strom usw. unabhängig werde.

Sonnen - „Kühlschrank"

② 

a) mit Tontopf (griechisches System): Ein poröser, unglasierter Tontopf wird mit kaltem Wasser gefüllt. Es durchtränkt den Topf, verdunstet außen und hält so Topf und Inhalt kühl. Bei 25°C Außentemperatur sind 14° immer zu erreichen. In Griechenland kühlen die Leute ihr Trinkwasser so. In das Wasser kannst Du natürlich auch die Milchkanne oder anderes hineinstellen. Damit sie nicht auftaucht, liegt der Stein auf ihr.

b) aus Wohlstandsmüll: Ein großer und ein kleiner Plastik- oder Blecheimer werden ineinandergestellt und mit einer Schraube durch den Boden verbunden (Dichtung: Stück Fahrradschlauch). Der Zwischenraum enthält das Kühlwasser, der innere Eimer die Kühlware. Scheuerlappen, Säcke oder anderer saugfähiger Stoff sind um den Eimer gebunden und hängen ins Wasser, damit sie sich wie ein Docht voll Kühlwasser saugen, das dann verdunstet.
Der Deckel soll weiß sein oder besser ebenfalls mit Lappen umgeben. Du kannst den Kühleimer z.B. aus dem Küchenfenster hängen und kommst dann immer bequem an die Lebensmittel.

„Kühleimer aus Abfällen"

Der Kühlschrank funktioniert am besten wenn die Verdunstung möglichst groß ist. Unter günstigen Bedingungen, z.B. bei Wind an schattigem, luftigem Ort wird der Inhalt nicht nur kühl gehalten, sondern regelrecht abgekühlt. Ab und zu mußt Du etwas Wasser nachfüllen.

③

Der Waschschüssel-Kollektor:

An sonnigen Tagen im Sommer brauchst Du kein Wasser mühsam warm zu machen - die Sonne tut's ganz von selber !

Du brauchst je nach der gewünschten Wassermenge eine größere oder kleinere Waschwanne, die möglichst dunkel auf der Innenseite sein soll, damit sie viel Wärme annimmt: Zum Beispiel eine alte Zinkwanne, eine braune oder schwarze Plastik- oder Emailleschüssel oder eine weiße Emailleschüssel, die Du innen schwarz anstreichst (das wäre das beste!). Die Wanne sollte möglichst flach sein, damit der Rand bei niedrigem Sonnenstand (morgens & abends) nicht zu viel Schatten wirft. Waschschüsseln haben sowieso eine günstige Form.
Außerdem brauchst Du eine alte Glasscheibe oder ein altes Fenster.

Fülle die Wanne mit Wasser, stelle sie in die Sonne und lege die Glasscheibe auf die Wannenöffnung. Morgens herausgestellt ist das Wasser mittags schön warm, oder mittags herausgestellt ist es abends warm, so einfach geht's, ganz von selber !

An sehr windigen Tagen oder in der Übergangszeit kannst Du auf diese Weise auch noch Gratis-Warmwasser gewinnen, wenn Du ein paar Säcke oder Stroh als Isolierung um die Seitenwände der Wanne legst.

Die Glasscheibe soll die Wanne nicht 100%ig verschließen, eine kleine Ritze muß bleiben, damit das verdunstende Wasser abziehen kann, sonst beschlägt die Scheibe von innen zu sehr.

4

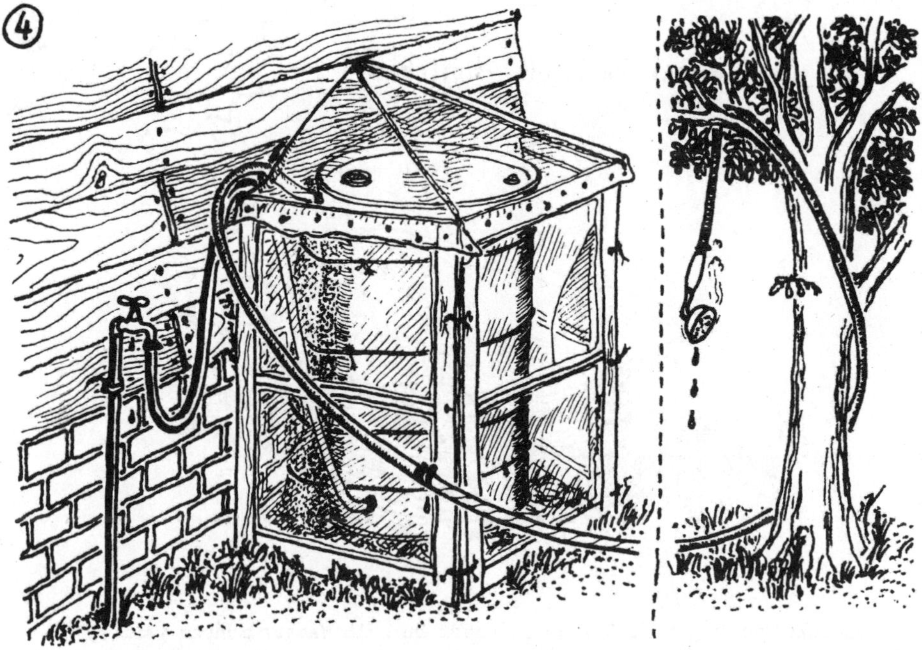

Der Pott-Kollektor

Der Waschschüssel-Kollektor läßt sich verbessern. Füllst Du das Wasser in einen alten Kanister oder irgendein geschlossenes Gefäß, streichst es schwarz an und stellst es in die Sonne, wird es natürlich warm.

Damit der Wind es nicht wieder abkühlt, kannst Du alte Fenster davorstellen oder Ekelplastikfolie darüberhängen. Dann kommt das Licht gut rein, die Wärme aber schlecht wieder raus.

Nur die Seite, die gerade Sonne abkriegt, wird warm, an der Schattenseite geht Wärme verloren. Darum verbessert eine Isolierung auf der Schattenseite den Pottkollektor sehr.

Das Verhältnis von Oberfläche zu Inhalt darf nicht zu ungünstig sein, große dicke Fässer haben viel Inhalt und wenig Oberfläche. Gut sind flache Kanister, Gießkannen (Dusche!) usw.

Einen noch feineren Kollektor, der nicht nur bei Sonnenschein, sondern auch bei leicht bewölktem Wetter wirkt, kannst Du so basteln: Nagele aus Sperrmüllschrank-Resten eine Kiste zusammen, isoliere sie innen und kleide sie am besten noch mit reflektierender Folie aus. Als Tür dieses Wärmeschrankes dient ein altes Fenster. Und in den Schrank hinein stelle nun schwarz gestrichene Kanister, Flaschen usw. voll Wasser. Bald kannst Du Dir kanisterweise Warmwasser holen. Verwendest Du einen geschlossenen Tank als Gefäß, kannst Du ihn mit Gartenschlauch anschließen und das Wasser direkt zum Verbrauchsort leiten oder eine Dusche ans Ende basteln. Schon hast Du eine fast perfekte Sonnen-Warmwasseranlage mit Komfort !

Prima Aktion zum Bauen & Mitnehmen für Kinder: Mini-Kiste, auspolstern, schwarz gestr. Apfelmusglas als Tank hinein, Stück Fensterglas davorlegen : S.6!

Wärmekiste-und Kanister- Kollektor.

Pottkollektor

⑥

Der Mini-Kollektor zum Mitnehmen...

Dies ist der Kanister-Kollektor (S.5) in Modell-Ausführung, ein beliebtes, gut funktionierendes Bastelwerk zum Mitnehmen zB für Bauaktionen mit Kindern. Als "Kanister" dient ein ovales Schraubdeckelglas (häufige Form von zB Apfelmus-Einweggläsern, 720 ml, Maße ca: 16,5 cm hoch, 9,5 cm breit, 7,5 cm dick. Die "Sonnenseite" (ohne Etikett!) streiche schwarz, zB mit Abtönfarbe.

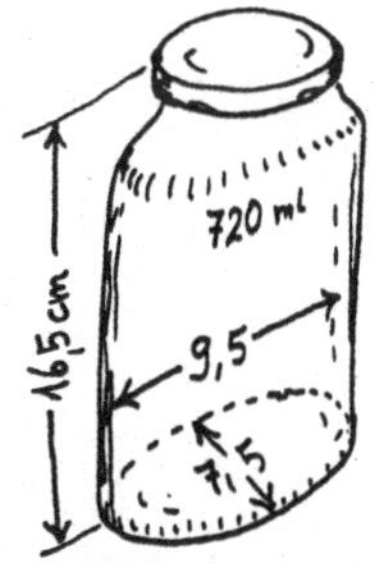

Den Kasten baue so groß, daß zwischen Glas und Kastenboden bzw -wänden mind. 2-3 cm Platz bleibt, also Innenraum fürs häufige Apfelmusglas zB mind. 1o cm tief, 15 cm breit, 22 cm hoch. Gut zu bauen zB aus Schalbrettern (Baustellenabfall) 1o cm breit, 2 cm dick, und Sperrholz o.ä. für den Kastenboden (Sperrmüll-Schrankrückwand, Wahlplakat).

Maße fürs Beispiel: Platte 19 x 26 cm, Bretter 2 Stücke à 26 cm, 1 Stück à 19 cm, 1 St. à 15 cm. (= Gesamtbedarf 86 cm). Pfiffig zusägen:

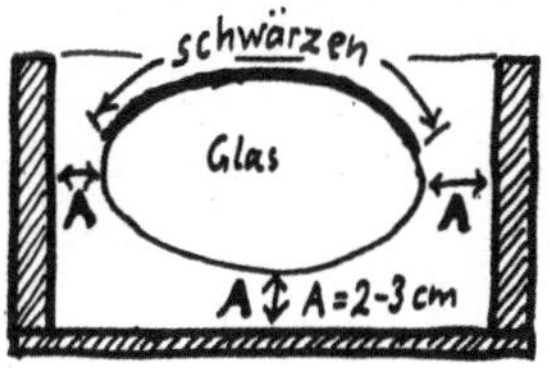

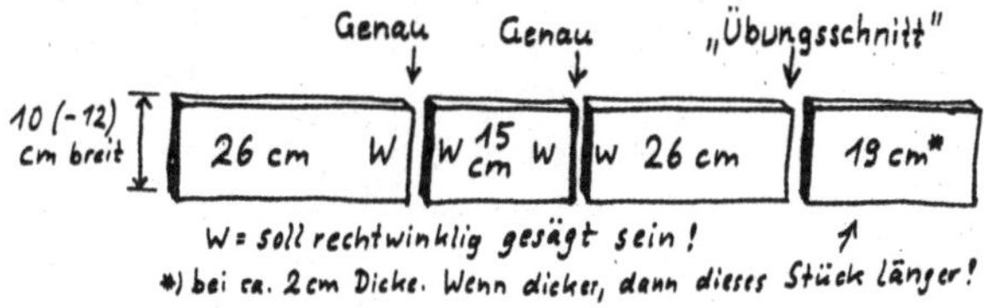

Ein "Übungsschnitt", muß nicht ganz winklig sein, dann aber 2 genaue Schnitte, denn bei den 26-er-Brettern muß je 1 Ende und vom 15-er-Brett sogar beide Enden rechtwinklig abgesägt sein (W), sonst gibt's beim Zusammennageln eine schiefe Kiste (Glasscheibe liegt nicht auf!) oder große Ritzen, die Du zukitten mußt. Klar: Jedes Ende, auf dem ein anderes Brett liegt, muß winklig sein. Wie beim echten Kollektorkasten (S.30) überdeckt hier das obere Brett die Seitenwandbretter, und die Seitenwandbretter laufen über die Enden des unteren Brettes - und stehen nach unten ca 2 cm über, damit die Glasscheibe auch überstehen kann.

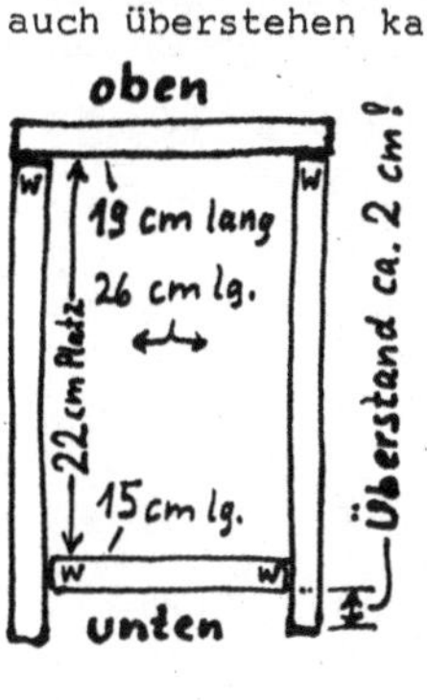

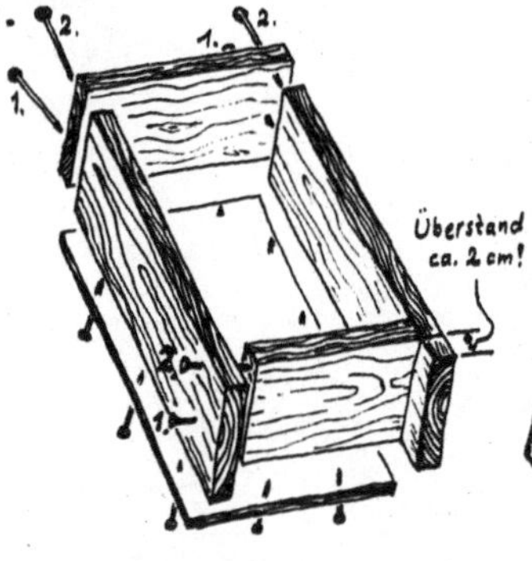

Nagele zuerst die Bretter mit nur je 1 Nagel (1.) (ca in Brettmitte) zusammen (gegen Spalt-Gefahr keine zu dicken Nägel und evtl Spitzen etwas platthämmern), dann lege das Brettervierecck auf eine ebene Arbeitsfläche und nagele den Boden mit kleinen Nägeln an. Dabei richtet sich die offene Seite der Kiste, auf der nachher die Glasscheibe gut aufliegen soll, von selbst eben aus. Aber erst, wenn Du geprüft hast, ob sie eben ist, nagele die zweiten Nägel (2.) in die Kistenecken! Tip: Alte, rostige Nägel halten besser, weil sie rauh sind. Leim verstärkt zusätzlich.

Jetzt die Wärmedämmung: Ideal sind Woll-Lumpen, die Füllung aus Steppdecken vom Müll, Filz aus Matratzen- oder Sofapolstern, Winterjackenfutter o.ä., schön kraus geknülltes Zeitungspapier tut's aber auch. Polstere damit den Kasten passend fürs Glas aus (1.). Damit das Zeug sich nicht später im Kasten verschiebt, pinsele besonders nahe den Rändern Kleister innen an die Kastenwände. Als Auskleidung (2.) nimm ein Stück weichen Lumpenstoff (zB von "T-Shirt") ca 35 x 45 cm, lege das Glas auf die Mitte, nimm die Stoffränder hoch und stecke das Glas mit Stoff drumherum in die Auspolsterung. Stoff-Rand befestigen: Teppichklebebamd in lange Streifen schneiden und auf die Kastenränder kleben (3.), Schutzfolie noch drauf lassen. Dann Stück für Stück Schutzfolie abziehen und Stoff draufkleben (4.), dabei aufpassen: Stoff nicht zu stramm ziehen, er will dann das Glas aus der Kiste heben, aber auch nicht so locker lassen, daß er sich vors Glas wölbt und Schatten wirft. Besonders im Bereich der Kistenecken wirft der Stoff viele Falten. Die verteile so, daß sie nicht übereinander liegen, sonst gibt es Buckel, auf denen die Glasscheibe schlecht aufliegt.

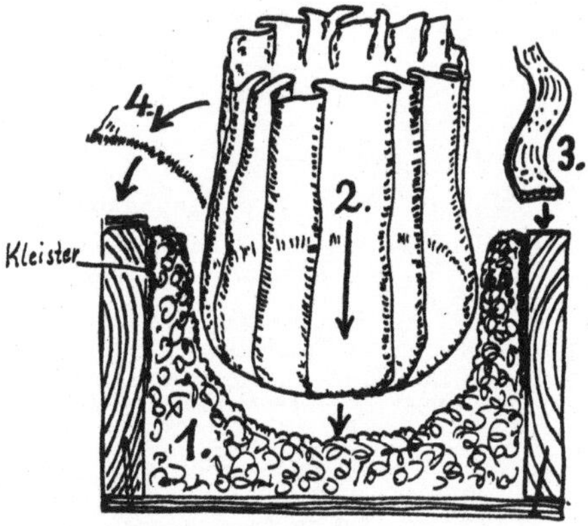

1.: Kiste auspolstern
2.: Stoff (ums Glas gelegt) hinein
3.: Teppichklebeband auf Kistenrand
4.: Stoff festkleben, auch Falten.

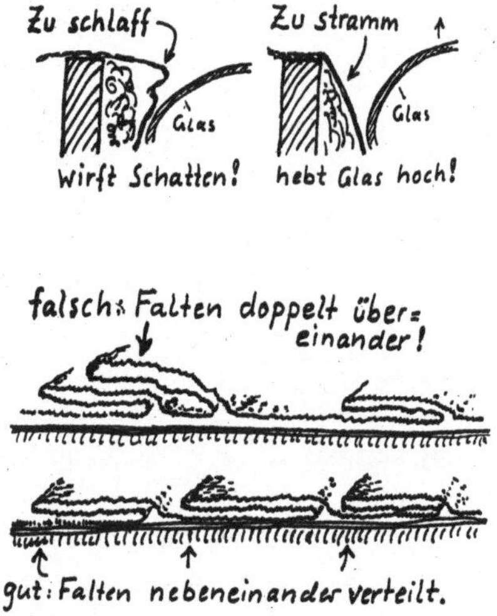

Klebt der Stoff auf den Streifen, gib noch Leim unter die Falten, damit die nicht mehr hochklappen können. Presse alles glatt an (ebene Platte drauflegen, aber Plastiktütenmüll drunter, sonst klebt die Platte fest!).

Festzwingen oder schwere Steine drauf, antrocknen lassen, dann überstehende Stoffränder am Kastenrand entlang abschneiden. Die letzten Unebenheiten gleicht nachher ein Dichtband (Filzstreifen oder käufliches Fensterdichtband) aus, das Du ringsherum über die Ränder klebst, damit die Glasscheibe überall möglichst dicht aufliegt.

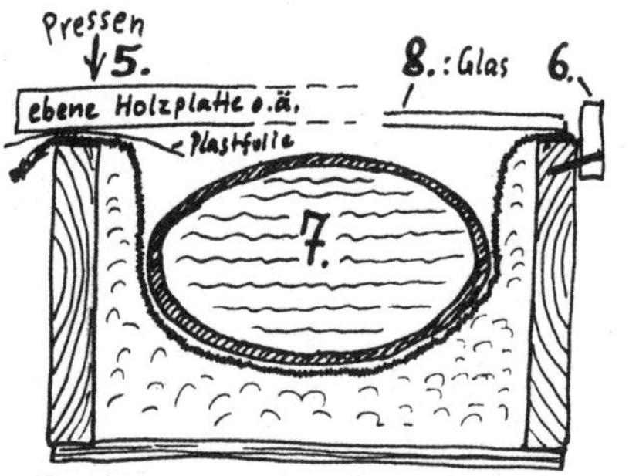

5.: Stoff festpressen, Rand abschneiden
6.: Randleisten & unten Nägel annageln
7.: Wasser ins Schraubglas
8.: Glasscheibe drauflegen.

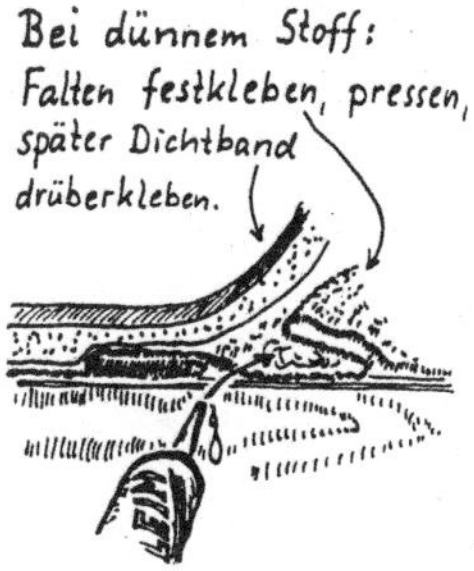

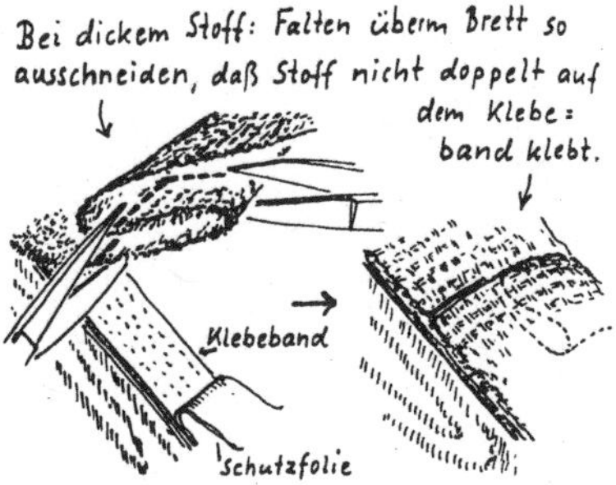

Kleidest Du mit dickem, polsterndem Stoff aus (Webpelz-Winterjackenfutter, Fleece-Pulli, evtl Frotteehandtuch), kriegst Du ganz ohne Dichtband eine ideale Auflage für die Glasscheibe hin, wenn Du aus den Stoff-Falten stets Ecken so ausschneidest, daß auf dem Kistenrand überall nur eine Schicht Stoff aufliegt!

Mit Alufolie-Abfall (evtl Rettungsdecke) unter dem Auskleidungsstoff erreichst Du eine noch bessere Wärmedämm-Wirkung.

Ist die Auskleidung fertig gefummelt, kommt die Glashalterung dran. Seitlich edel: 2 Leistenstücke (Randleisten von Wegwerf-Obstkisten), etwas kürzer (!) als die Seitenwände, damit Du noch mit Gummibändern das Glas sichern kannst! Einfach: ein paar kleine (Stauchkopf-)nägel nahe der Außenkante in den Rand hämmern und (mit Zange) etwas hochbiegen.

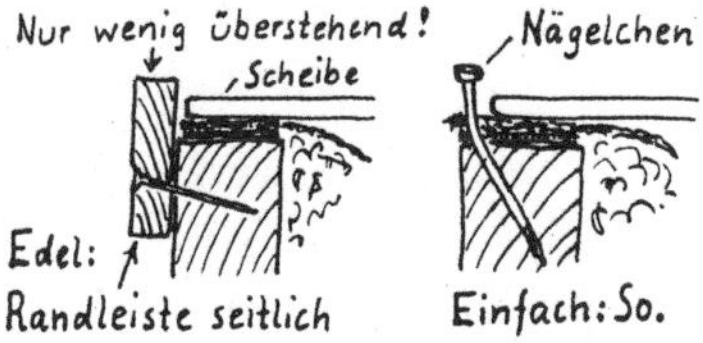

Oben ist nichts nötig. Unten: Keine Randleiste! Sonst lenkt die bei einem Schauer das Wasser direkt in den Kasten! Nein, das Glas muß ca 1 cm über den unteren Kastenrand überstehen. In die überstehenden Seitenwandbretter nagele nahe den Enden 2 Nägelchen als Stopper, damit die Scheibe nicht runterrutschen kann.

Die Glasscheibe schneide aus dünnem Altfensterglas so zu, daß sie zwischen den Randleisten (bzw Randnägeln) ein wenig Spiel hat, aber unten übersteht (Regenablauf, s.o.), oben darf sie auch lieber überstehen als zu kurz sein. Die Kiste ist zwar nicht für Regenwetter gedacht (die Scheibe müßte seitlich und oben wasserdicht aufliegen), aber ein unverhoffter Schauer kommt leicht einmal, und dann soll die Scheibe doch das meiste Wasser abhalten, und das käme an der Unterkante in den Kasten.

Glas schneiden: s.S. oder ganz genau im Heft "Doppelfenster". Ecken und Kanten der Scheibe schmirgeln, dann sind sie bestens entschärft!

Bei einer gut gelungenen Kiste sind die Gummibänder nicht nötig, damit die Scheibe dicht aufliegt, aber sie sichern die Scheibe, wenn Du die Kiste trägst.

Sehr pfiffig: ein klappbarer Standbügel, mit dem Du die Kiste zur Sonne gerichtet aufstellen kannst. Aus dickem Zaundraht biegen, Enden zwischen 2 Unterlegscheiben mit Holzschrauben an die Kisten-Seitenwände schrauben.

Fülle das Glas, aber nie total voll (Wasser dehnt sich aus, wenn's warm wird und würde den Deckel hochdrücken, wenn keine Luftblase drin wäre), lege es in die Kiste, die Glasscheibe davor. Laß Sonne auf die schwarze Seite scheinen... Bei Sonnenschein kann das Wasser mit der Zeit richtig heiß werden und auch bei dünn bewölktem Himmel noch warm - und im sauberen Glas hat es Trinkwassergüte!

Achtung: Die Auskleidung soll nicht feucht werden, sonst gibt es viel Kondenswasser an der Glasscheibe, das wieder unten in die Auskleidung fließt. Notfalls Scheibe oft umdrehen ind abwischen oder das Wasser so raussickern lassen:

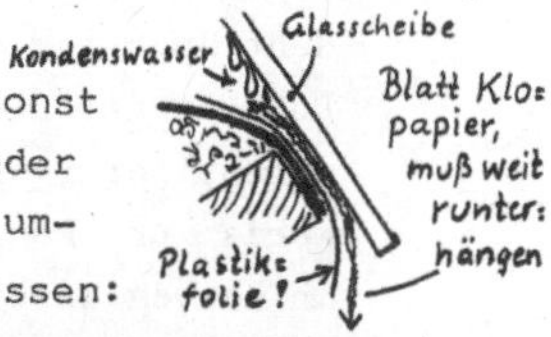

(10)

Kochend Wasser...

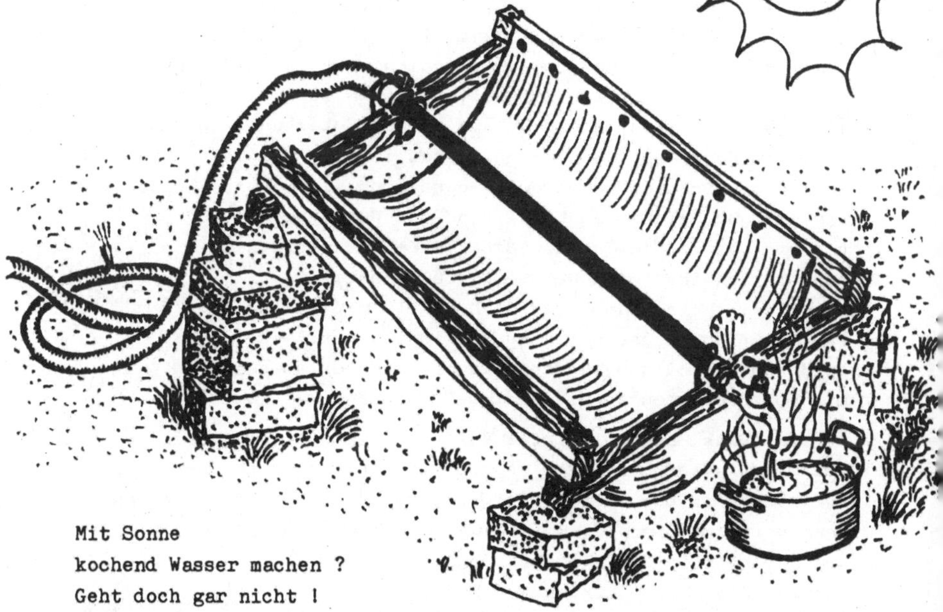

Mit Sonne
kochend Wasser machen ?
Geht doch gar nicht !
Doch, sogar ziemlich einfach, wie im Bild zu sehen. Bastele Dir einen parabelförmig gebogenen Spiegel. Er muß nach der Sonne ausgerichtet werden und konzentriert die Strahlen dann genau in einer Brennlinie, in der es irre heiß wird, weit über 100°C. Da hinein brauchst Du nur ein schwarz gestrichenes Wasserrohr zu legen und kurz zu warten, bis der Rohrinhalt kocht, schon kannst Du den Tee aufgießen... Drehst Du den Hahn weiter auf, kommt mehr, aber "nur" warmes Wasser 'raus.

Als Material eignen sich hervorragend Reklameplakat - Druckvorlagen, die sind ca. 70 x 100 cm groß, aus glattem, halbharten Alublech und schon in der richtigen Richtung gebogen. Mit etwas Glück findest Du sie massenhaft auf Schrottplätzen. Mit Politur bringst Du die Oberfläche auf spiegelnden Hochglanz, dünner Lack schützt vorm Trübwerden. Um die richtige Parabelform festzulegen, säge aus Resten von Sperrmüllschränken Spanten in Form der aus der Schule altbekannten Formel $y = x^2$ aus und nagele das Blech daran.

Verbesserung: Schiebe ein weites Glasrohr über das Wasserrohr, das verringert die Verluste. (Glasrohr: alte Neonröhre öffnen und ausputzen. Der weiße Staub ist giftig und gehört zum Sondermüll)

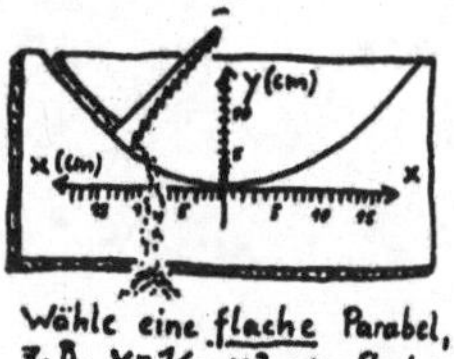

Wähle eine *flache* Parabel, z.B. $y = \frac{1}{20} x^2$ oder flacher.

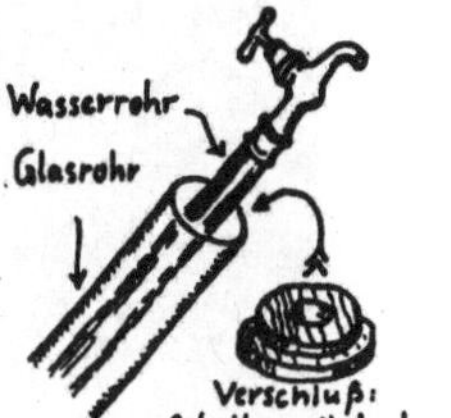

Verschluß: Scheibe mit Loch aus Holz oder Blech.

Kollektor - Nachführungsautomatik mit Solar-Antrieb! ⑪

Ein kleiner Solarmodellspielzeug-Getriebemotor läuft mit 1 Paar Solarzellen. Schließe 2 Paar an, entgegengesetzt gepolt. Kriegen beide Paare gleichviel Licht, heben sich die erzeugten Ströme auf, der Motor bleibt stehen.

Kriegt ein Paar mehr Licht, überwiegt dessen Strom und treibt den Motor zB linksrum. Das andere Paar treibt ihn rechtsrum, wenn es mehr Licht kriegt. Über ein Getriebe dreht der Motor den Kollektor mitsamt Solarzellen so weit, bis kein Schatten der Trennwand mehr auf die Zellen fällt, also beide Paare gleichviel Licht kriegen und der Motor deshalb stehenbleibt...- ohne weitere Elektronik!

Supergut bei Spiegelkollektoren (S. 10-14), die nur zur Sonne ausgerichtet arbeiten, verdoppelt aber auch den Ertrag von Solarpanels zur Stromerzeugung.

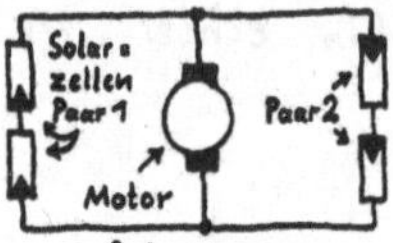

Schaltung

Aufbau

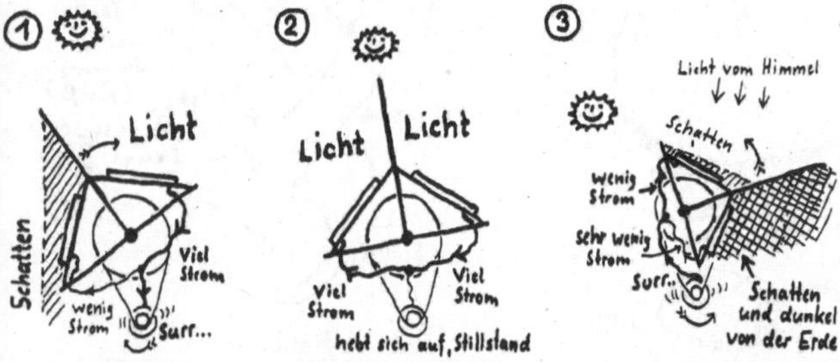

Nachführen.... Richtig nachgeführt! Am nächsten Morgen....

1: Nachführen - ein Zellen= paar kriegt Schatten, daher über= wiegt der Strom des anderen und der Motor läuft vorwärts.

2: Richtig nachgeführt - beide Zellenpaare haben Licht, die Ströme heben sich auf, der Motor steht.

3: Am nächsten Morgen: Kein Paar kriegt Sonnenlicht, aber das eine kriegt Licht vom Himmel, sein Strom überwiegt, der Motor läuft rückwärts.

Und noch ein Sonnenkocher!

(12) (Ein echter, wo man den Topf mit Essen draufstellen kann!)

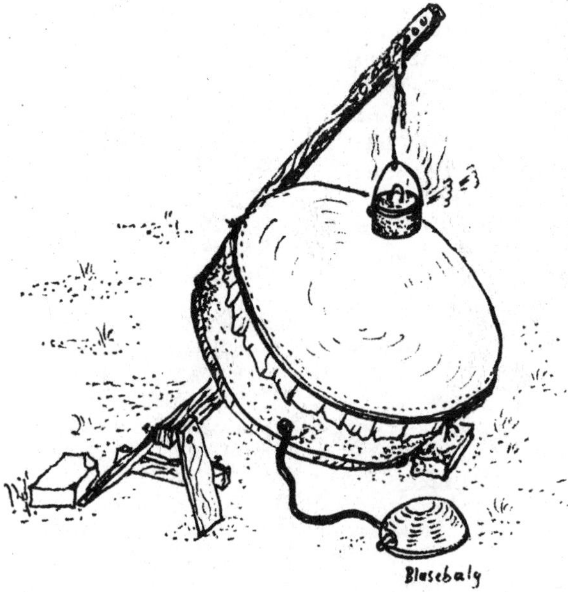

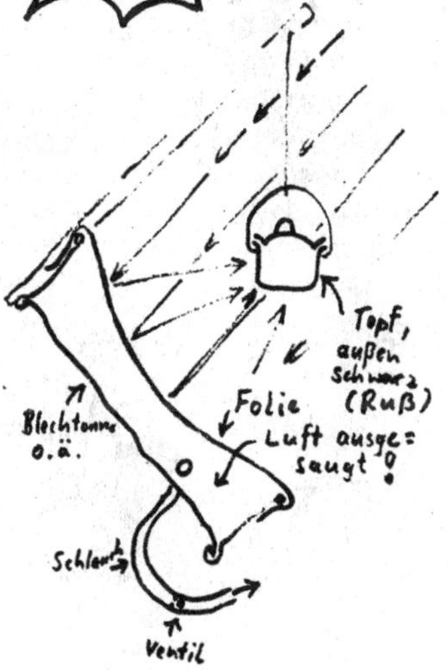

Hohlspiegel-Wirkung!

Um einen Sonnen - "Herd" zu bauen, konzentriere die Sonnenstrahlen auf einen kleinen Fleck. In unseren norddeutschen Breiten hat die Strahlung, die auf 1 m^2 Fläche trifft, bei klarem Sonnenschein die "Kochkraft" einer kleineren Elektroherdplatte. Mit weniger Fläche dauert das Kochen länger oder geht nur noch für kleine Mengen. Was Kaufhäuser anbieten können, bauen wir einfacher und besser !

a) Hier spannen wir eine spiegelnde Folie ("Rettungsdecke", leider Plastik, reicht aber für 2 Kocher) über einen möglichst großen runden Pott (zB. Waschschüssel oder Abschnitt einer großen alten Tonne) und kleben sie luftdicht an. Wird der Hohlraum etwas luftleer gesaugt, zB. mit dem Blasebalg oder einfach mit dem Mund, wölbt sich die Folie nach innen - fertig ist der Hohlspiegel ! Er muß nur noch nach der Sonne ausgerichtet und der Topf in den Brennpunkt gehängt werden. Erstaunlich ist die Genauigkeit eines solchen Hohlspiegels. Mit einer über einen alten Lampenschirm gespannten Folie, 60 cm Ø = knapp 1/4 m^2, konzentrieren wir die Strahlen so scharf, daß wir in Sekundenschnelle Holz entflammen und Büroklammern, sogar Schweißdraht schmelzen (1600°C)

WARNUNG! Niemals in den Brennpunkt schauen! Erblindungsgefahr!

Folien-Hohlspiegel. Material: „Rettungsdecke" u. hier z.B. alter Lampenschirm.

Wirkung: In wenigen Sekunden brennt die Latte lichterloh...

Solarkocher aus alter Satellitenschüssel, hier aus der Sonne gedreht (S.14).

b) Prima Fertigteil: Satellitenschüsseln! Farbe abschleifen (nicht zu grob, tiefe Kratzer im Blech vermeiden), Blech fein und feinst glattschmirgeln (Naßschleifpapier) und blankpolieren (hartes Leder auf der rauhen Seite naßmachen, Kreidepulver draufstreuen, damit kräftig reiben). Dabei die Schüssel gut gepolstert hinlegen (Heu, Stroh, Haufen Knüllpapier o.ä.), harter Untergrund könnte beim Bearbeiten von unten Beulen in die Schüssel drücken. Die polierte Schüssel dünn mit Vaseline oder Schutzöl (zB Ballistol) einreiben, damit sie nicht rostet.

Sehr praktisch: das Original-Zubehör! An den Tragarm für den Empfänger kommt ein Halter für den Kochtopf, dann ist er gleich richtig in der Brennzone. Da die Schüsseln fast immer einen nach unten versetzten Brennpunkt (und deshalb oft schwach ovale Form) haben, wirft der Topf nicht einmal Schatten auf den Spiegel!

Mit Flügelmuttern an den Einstellschrauben der Original-Halterung kannst Du die Neigung des Spiegels leicht der Sonnenhöhe anpassen. Steckst Du den Spiegel mit zwei ineinanderpassenden Rohren auf den Ständer, kannst Du ihn leicht der wandernden Sonne nachführen.

ACHTUNG: Nur mattschwarze Töpfe verwenden, helle oder glänzende Töpfe reflektieren das blendende Licht - Augenschäden! Nie im Brennpunkt hantieren, Verbrennungsgefahr! Erst den Spiegel aus der Sonne drehen, dann Topf einhängen oder herausnehmen! NIEMALS in den Brennpunkt schauen! Erblindungsgefahr! Besonders in Kinder-Augenhöhe!!!

c) Auf dem Sperrmüll findest Du leicht ein paar alte Spiegel. Die reflektieren sehr gut und werden auch nicht so leicht trübe wie Folien- oder Blechspiegel. Dafür ist der Bau eines Hohlspiegels hieraus mühsamer. Schneide die Spiegelreste erst in Streifen, dann in dreieckige bzw. trapezförmige Stücke, keines größer als der Topf. Die Stücke kannst Du nach indischer Basteltechnik mit Konservendosenblech und Draht zusammenfügen und auf ein Gestell montieren.

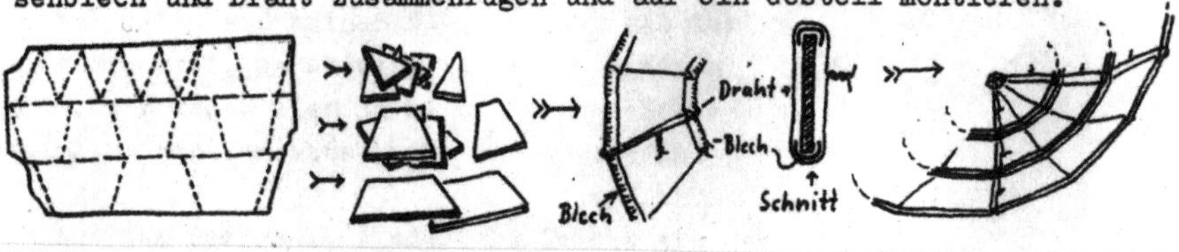

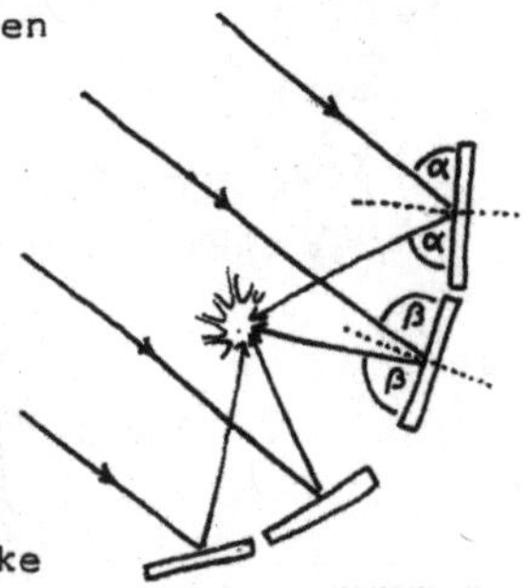

Richte sie nach "Einfallswinkel=Ausfallswinkel so aus, daß die parallel ankommenden Sonnenstrahlen annähernd auf einen Punkt fallen. Es gibt eine Brennzone so groß wie die Spiegelstücke, das macht aber nichts, so lange der Topf größer ist, und macht den Spiegel ungefährlicher, weil die Hitze verteilter ist. Wölbe den Hohlspiegel auch deutlich stärker als Beispiel b, dann liegt der Brennpunkt nahe an der Schüssel und man gerät nicht so leicht aus Versehen in die Brennzone. Und man braucht die Spiegelstücke dann nicht so präzise auszurichten.

Die Sonnen-Kochkiste!

Sollen Lebensmittel längere Zeit warm gehalten, getrocknet oder gedörrt werden (Trockenobst!) geht das sehr schön mit Sonnenwärme. Eine Kiste wird isoliert und mit Spiegelscherben, reflektierender Folie o.ä. ausgeschlagen, ein Drahtrost mit den Speisen darauf kommt dort in die Kiste, wo die Strahlen am stärksten sind. Außerdem kommt unten in die Kiste, auf kleinen Steinchen liegend, damit die Luft darunter langziehen kann, ein schwarzes Blech, das die Luft erwärmt. Das Fenster, das vor die Kiste gelehnt ist, darf sie zum Dörren nicht völlig verschließen, damit Luft rein und mitsamt Feuchtigkeit raus kann. Für möglichst große Hitze (bei kräftigem Sonnenschein ist sogar Backen möglich) muß das Fenster beinahe dicht schließen und doppelverglast sein. Für Dörrkisten lassen sich Müll-Kühlschränke gut umbauen, S.4, für Kochkisten nicht, das Innenplastik schmilzt.

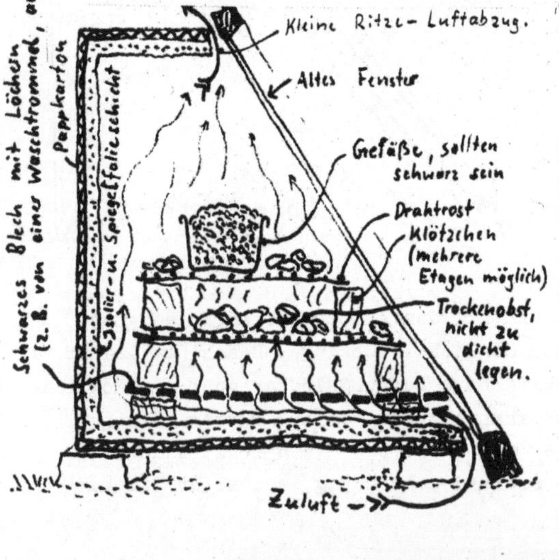

Verbesserte Modelle für Sonnenkochkisten (mit Leichtigkeit weit über 100°C) und Sonnendörrer, die nur mit Warmluft ohne direktes Erwärmen des Obstes funktionieren, haben Schweizer Bastler entwickelt und bieten Baupläne und Bausätze an (wann sind die Freaks hier endlich so weit):

- Oeko-Zentrum
  CH-4438 Langenbruck ««allgemeine Auskünfte
- Solartechnik F. Plattner
  Herrenwaldweg 13,
  CH-6048 Horw ««Baupläne, Bausätze Baukurse

16

Sonnen - Kochkiste:

Die isolierte Holzkiste ist mit schwarz gestrichenem Blech ausgeschlagen. Die Winkel der Blechauskleidungs- Wände stehen so zueinander, daß die Hitze in der Mitte konzentriert wird. Dort kommt der schwarze Kochtopf hin. Auf der Kiste liegt ein doppelt verglastes Fenster. Ein Spiegel reflektiert zusätzlich Sonnenstrahlen in die Kiste. Sie muß nur ca. stündlich der Sonne nachgeführt werden. Der Sonnenbackofen funktioniert ebenso, nur mit mehr zusätzlichen Spiegeln.

Sonnen - Dörrer:

Hinter ein Fenster ist ein schwarz gestrichenes Blech genagelt, so daß Luft unten in den Zwischenraum kann, heiß wird und oben wieder heraus kommt, sie wird dann unten in einen Blecheimer geleitet. Im Eimer sind Drahtkörbe mit dem Dörrobst. Die Luft streicht durch die Drahtkörbe und kommt schließlich aus einer Ritze am Eimerdeckel wieder 'raus. Der Dörrer arbeitet auch ohne Nachführen zur Sonne, einfach nach Süden ausgerichtet. Das Nachführen verdoppelt aber die Leistung.

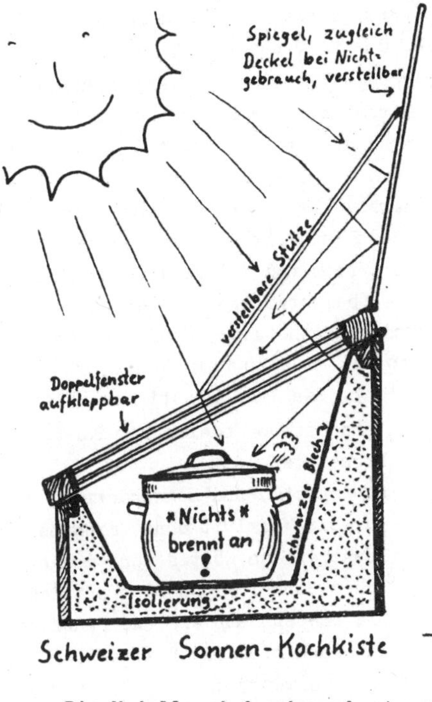

Schweizer Sonnen-Kochkiste

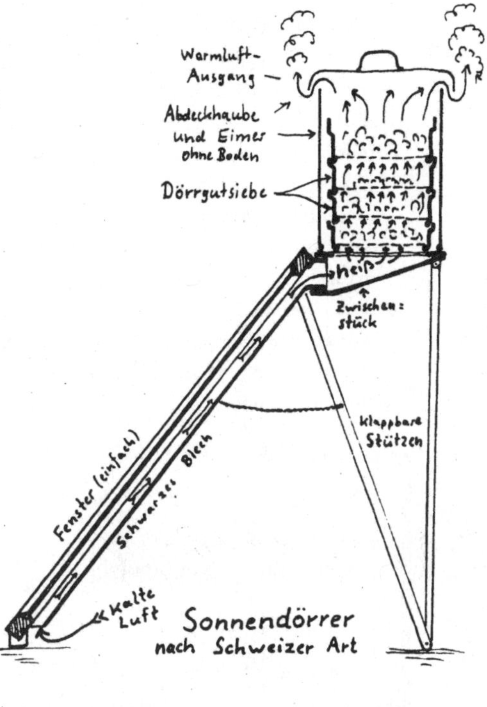

Sonnendörrer
nach Schweizer Art

Die Modelle sind sehr robust und für den Alltagsgebrauch geeignet, Verbesserungen aber immer noch möglich: Kochkiste: Beschlägt leicht zwischen den Scheiben, verschließbare Lüftungslöcher oder die Möglichkeit, die Scheiben leicht auseinanderzuklappen zum Putzen wäre gut. Dörrer: Eine Isolierung hinter dem schwarzen Blech fehlt und wäre vor allem bei uns in Norddeutschland sehr nötig, ebenso am Eimer.

Schweizer Sonnen-Kochkiste

Sonnen-Dörrer für Trockenobst

Dörrer auch für lichtempfindliche Sachen

Pfiffig: Steine zur Wärmespeicherung

(18)

Ein Frühügelbeet!

Das Beet im Bau: Das Mäuerchen aus morschen Balken steht, die Auflage für die Fenster ist aus Brettern zusammengenagelt, unten aus alten Platten gelegt, hinten und seitlich ist die Erde angehäuft. Nun können wir in der entstandenen Kuhle das Beet anlegen.

Auch ein Beispiel für Sonnenarchitektur – wir kennen das mit alten Fenstern gedeckte Frühbeet, hier wärmt die Sonne den Boden, damit Pflanzen früher keimen. Viele kennen auch das Hügelbeet, zuunterst legen wir moderiges Holz, Reisig und ähnliche sonst schlecht kompostierbare Gartenabfälle, darüber kann Stroh, Grasschnitt, Laub, obenauf die gute Erde. Die Verrottungswärme der Abfälle wärmt den Boden, fördert das Bodenleben und gibt bessere Komposterde. Wollen wir beide Vorteile vereinigen, können wir ein Mäuerchen aus Erde und Steinen oder dickem Abfallholz in Ost-West-Richtung aufschichten, dahinter etwas schlechtere Erde anhäufen und davor, auf der Südseite, das Hügelbeet anlehnen. Darüber stellen wir alte Fenster auf, wie beim Frühbeet, nur steiler, denn das Beet darunter ist ja ein kleiner Südhang, und die Sonne steht am Frühlingsanfang auch tiefer. So ein Frühügelbeet ist ganz besonders frostsicher und wärmespeichernd, denn selbst wenn eine kalte Nacht kommt, geben die Steine der Rückwand vom Tage gespeicherte Wärme ab und der Boden ist von unten durch die verrottenden Gartenabfälle warm.

Gartenschlauch-Kollektor

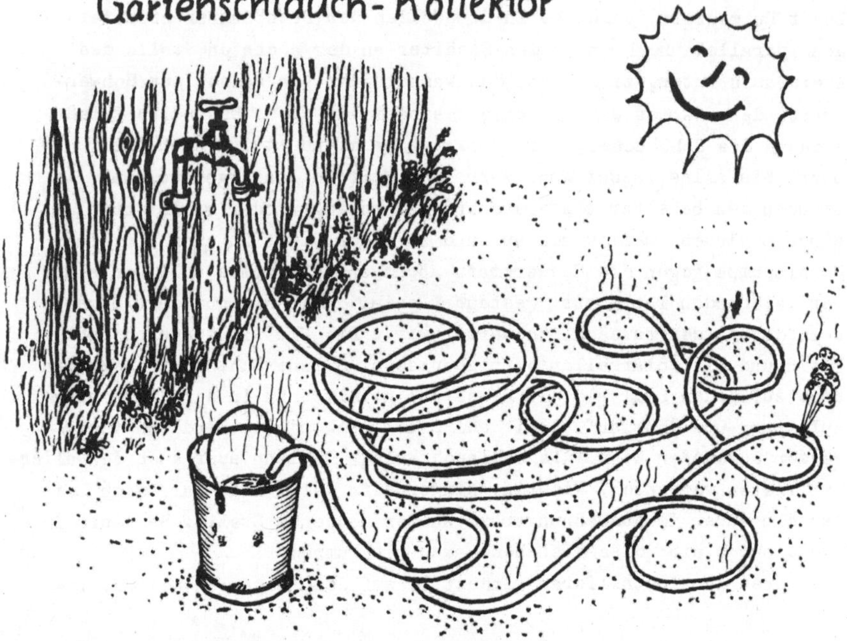

Bei direkter Sonneneinstrahlung kannst Du sehr leicht im Gartenschlauch heißes Wasser bereiten, sicher hast Du den Effekt schon unfreiwillig beobachtet. Ein dunkler, am besten schwarzer Schlauch, auf trockenem Boden in die Sonne gelegt, vielleicht 1o Meter lang, bringt schon eine spürbare Erwärmung des hindurchfließenden Wassers. Je länger der Schlauch ist und je langsamer das Wasser fließt, umso wärmer wird es. 3o m Schlauch reichen durchaus schon zum sparsamen Duschen. Wenn Du den Schlauch zB. an einer heißen Hauswand oder auf ein Dach auslegst, wird er von der dort gestauten Wärme extraheiß.

Wesentliche Verbesserung: Lege den Schlauch spiralig in einer Kiste aus, die Du so schrägstellen kannst, daß die Sonnenstrahlen senkrecht hineintreffen. Decke die Kiste dann noch mit einer Glasscheibe (oder alten Fenstern) zu und Du nutzt den Treibhauseffekt. Als Rückwand der Kiste ist geschwärztes Blech zB. von Waschmaschinengehäusen gut. Eine Isolierung der Rückwand würde den Kollektor vervollständigen.

Methode mit doppeltem Nutzeffekt: Unter heißen Dächern kannst Du direkt unter den Dachpfannen Schlauch-Schlangen auslegen und mit der Wärme im großen Stil Wasser heißmachen. Zugleich werden die Dachzimmer angenehm gekühlt. Hierzu mußt Du die Schläuche mit einem großen isolierten Wasserbehälter verbinden und dafür sorgen, daß das Wasser stets von unten aus dem Behälter in die Schläuche, durch die Schläuche und erwärmt zurück oben in den Behälter zirkuliert.

Legst Du mehrere Schläuche in den Wellen der Dachpfannen hochsteigend parallel und bringst den Behälter an der höchsten Stelle des Kreislaufs unter, zirkuliert das Wasser ganz von selbst per Schwerkraft, denn warmes Wasser sammelt sich immer oben. Das kalte fließt nach in die Schläuche, wird ebenfalls warm und steigt auch nach oben, bis alles Wasser ganz warm ist. Mußt Du aus irgendwelchen Gründen den Behälter tieferstehend unterbringen oder willst nur einen Schlauch im Zickzack auf und ab legen, mußt Du auch mit einer Umwälzpumpe gegen die Schwerkraft anpumpen. Die Pumpe soll von einem vergleichenden Thermostat gesteuert sein, damit sie nur dann pumpt, wenn das Wasser tatsächlich wärmer wird. Die Umwälzpumpe kann sehr klein und mit Solarzellen betrieben sein. Solche Schlauchkollektoren baue auf jeden Fall als drucklose Anlage mit Hahn in der Kaltwasserzuleitung und Überlauf, damit bei einem Leck nicht unendlich viel Wasser auslaufen kann. Als Schlauch kannst Du dann aber auch den allerbilligsten verwenden. Wichtig: Nirgends in der Anlage darf sich Luft sammeln außer im Ausdehnungsraum an der höchsten Stelle. Bei Luft im Kreislauf bleibt dieser stehen, auch mit Pumpe!

- Näheres zum Installieren findest Du auf den folgenden Seiten... -

Hier hat jemand eine Riesenrolle schwarzen Schlauch aufgetrieben und einfach aufs Dach gelegt.

Einfache Schwerkraftanlage.

Pumpenanlagen sind viel komplizierter.

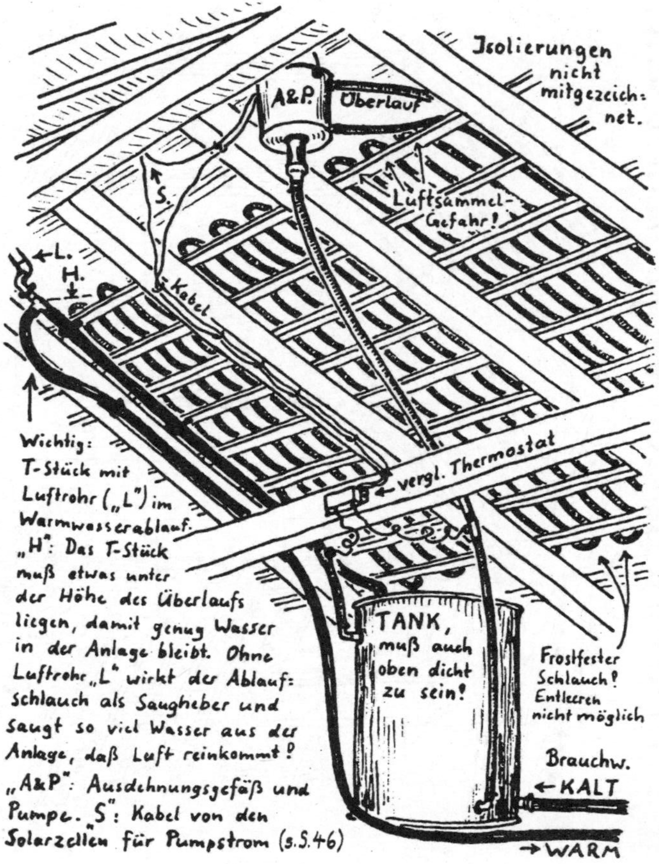

(22) Heizen mit der Sonne – gar nicht so schwer...

Schon ein Glas-Vordach mit Wäscheleinen drunter ist ein Super-Wäschetrockner (Atom-Trockner verbrauchen den Strom für 100 Lampen unnütz!), ein schnell aus Altfenstern und Abfallholz zusammengenagelter Glas-Anbau hilft heizen, ist Gewächshaus oder, durchlüftet, Brennholz-Schnelltrockner

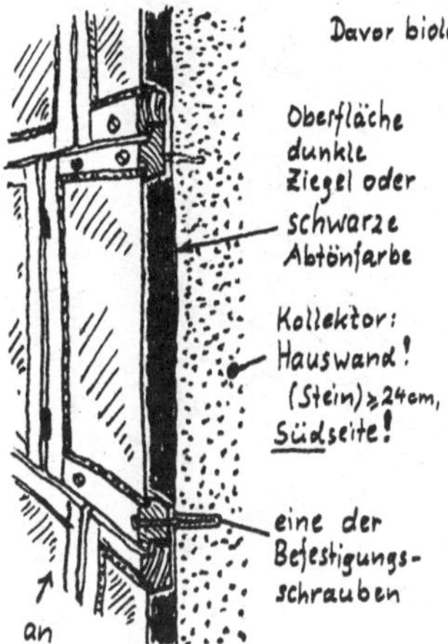

einfachste **Solar-Heizwand**

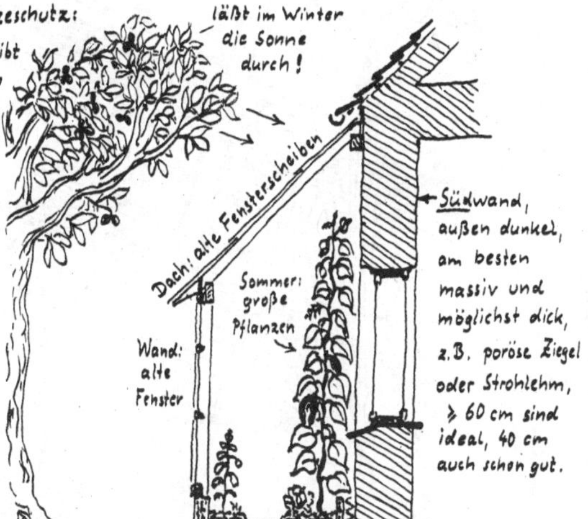

Anlehn-Gewächshaus Wohnhaus

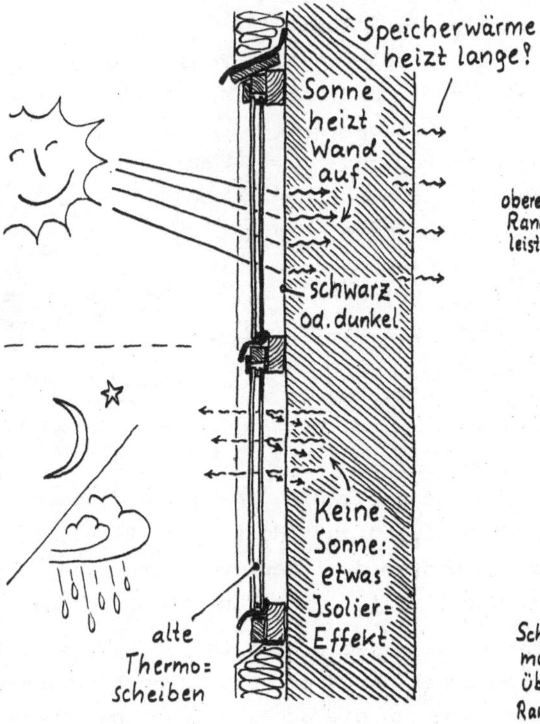

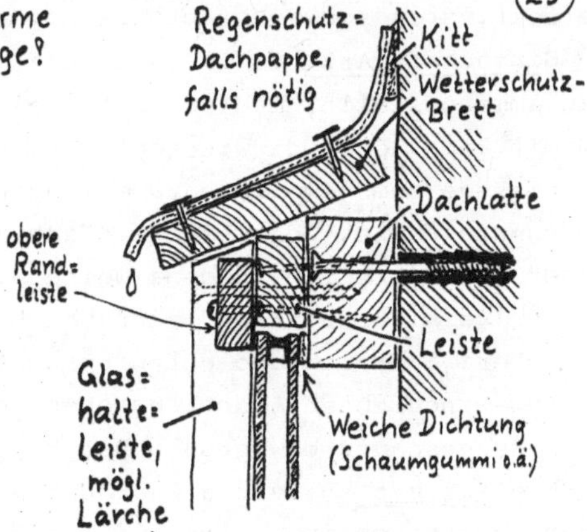

Solar-Heizwand.
Effekt ↗ und Details

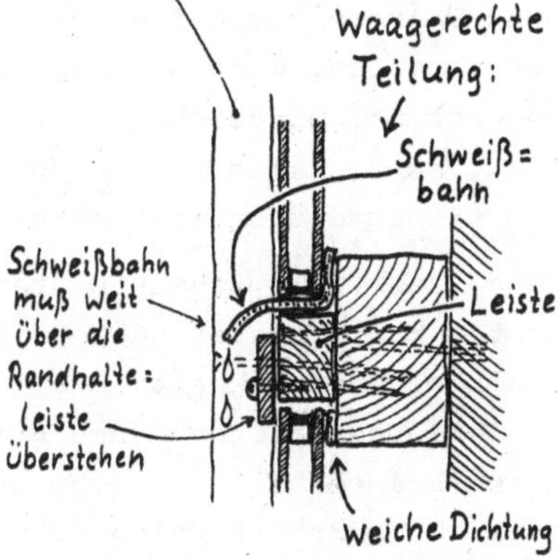

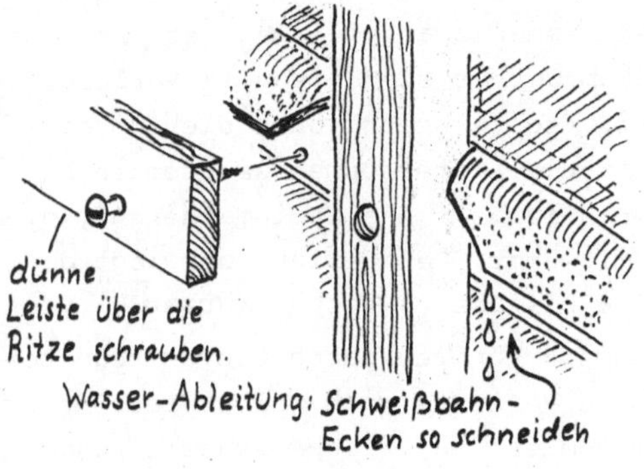

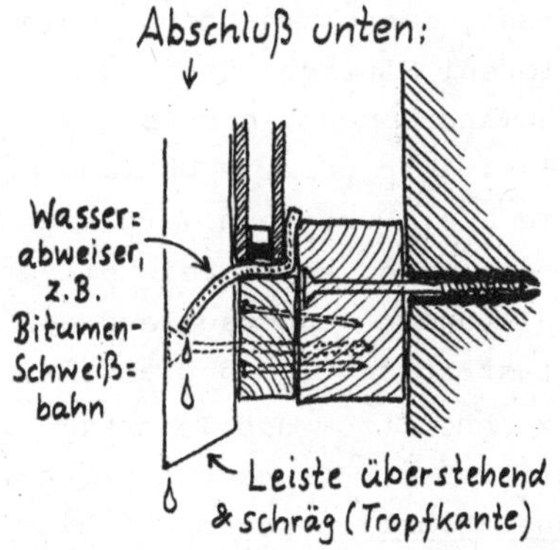

Eine Heizwand aus Altglas verkürzt die Heizperiode um etliche Wochen! Wozu teure Wärmepumpen usw, die uns bloß abhängig halten, wenn es doch so einfach geht... Eine <u>Süd</u>-Wand aus Massiv-Stein oder (Stroh-)Lehm, auf die <u>im Winter</u> kaum Schatten fällt, heizt erheblich mit, wenn Du sie ver-

glast. Die Wand muß mindestens ziegelrot oder dunkel-lehmbraun sein, am effektivsten schwarz (Abtönfarbe, kein Teeranstrich!).

Einfachste Art: Schraube an die Wand komplette alte Fensterflügel, so zusammengestellt, daß sie mit kleinstmöglichen Ritzen aneinanderpassen. Damit kein Regen dazwischenläuft, säge mit der Kreissäge zum jeweils darüberliegendem Fenster passende Falze. Oder baue einfach aus Dachpapp- oder Blechstreifen "Regenabweiser". Senkrechte Fugen verkitte oder/und schraube Deckleisten darüber. Seitlich und unten braucht die Heizwand einen winddichten Abschluß, oben zusätzlich einen Regenschutz bzw großen Dachüberstand.

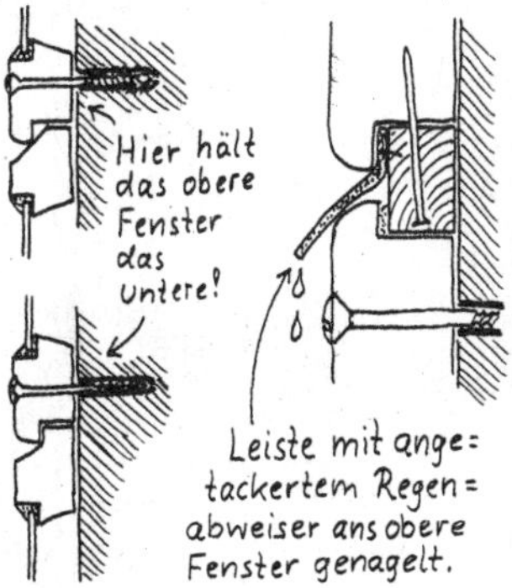

Edel-Bauart: Befestige vor der Wand zB mit Latten Fensterscheiben, ideal die jetzt auf dem Müll landenden Thermopanescheiben. Hast Du mehrere gleichen Formates, wird der Bau schön einfach. Die Scheiben auf jeden Fall regendicht, winddicht, aber nicht luftdicht (Holz statt Plastik) montieren, sonst sammelt sich Kondenswasser dahinter: von innen kommt Zimmerluftfeuchte durch die Wand, und Glas ist eine Super-Dampfsperre.

Zeichnung S. 23 : Die Scheiben stehen auf waagerechten Latten/Leisten. Die senkrechten Halteleisten halten von außen und überdecken Ritzen zwischen den Scheiben. Unten "klebt" die Schweißbahn die Scheibe fest, bei waagerechten Teilungen halten dünne Leisten die oberen Ränder, ganz oben kommt eine dicke Leiste hin. Wo nicht unterm Dachüberstand, vorsichtshalber Regenschutz am oberen Abschluß, obwohl Dämmung anschließt (angedeutet).

Wichtig: Nicht verglaste Wandflächen rundherum brauchen Außen-Wärmedämmung, sonst geht der Wärmegewinn durch die ungeschützte Wand wieder verloren! Einfache Doppelglasscheiben dämmen zwar viel weniger als eine Außenwanddämmung, nachts und bei trübem Wetter sind also die Verluste größer. Aber übliche Dämmung auf der Südseite sperrt auch die Sonnenwärme aus. Durch die Verglasung trifft die Wintersonne fast senkrecht auf die Wand, schon bei hellem Wetter heizt sie die Steinmasse auf, die dann stunden- und tagelang das Haus mitwärmt. Der Gewinn überwiegt den Verlust so sehr, daß die Heizperiode 4 bis über 8 Wochen kürzer wird, ganz ohne Strom und Technik! "Investoren" könnten durch teures neuestes Isolierglas (bis 4x besser dämmend) die Verluste noch weiter verringern.

Unentbehrlich gegen Überhitzung im Sommer: Natürliche Schattierung durch Pflanzen (ideal zB Walnußbaum, Blätter wachsen spät und fallen früh) oder Schatten durch großes Vordach. Notfalls Tücher vorhängen...

Anlehn-Gewächshaus: Die Wände werden aus Altfenstern einfach gut & dauerhaft, das Dach leider nicht: Kittfugen lecken bald und das Holz gammelt, je flacher das Dach, umso eher. Für provisorische Dächer (ca 5 Jahre) → S.2

Anlehn-Gewächshaus, komplett inkl. Dach schnell aus Uralt-Fenstern gebaut. Steileres Dach wäre dauerhafter.

Solar-Heizwand im Bau (hier in einem anderen Anlehn-Gewächshaus). Die Wand wird zum Kollektor!

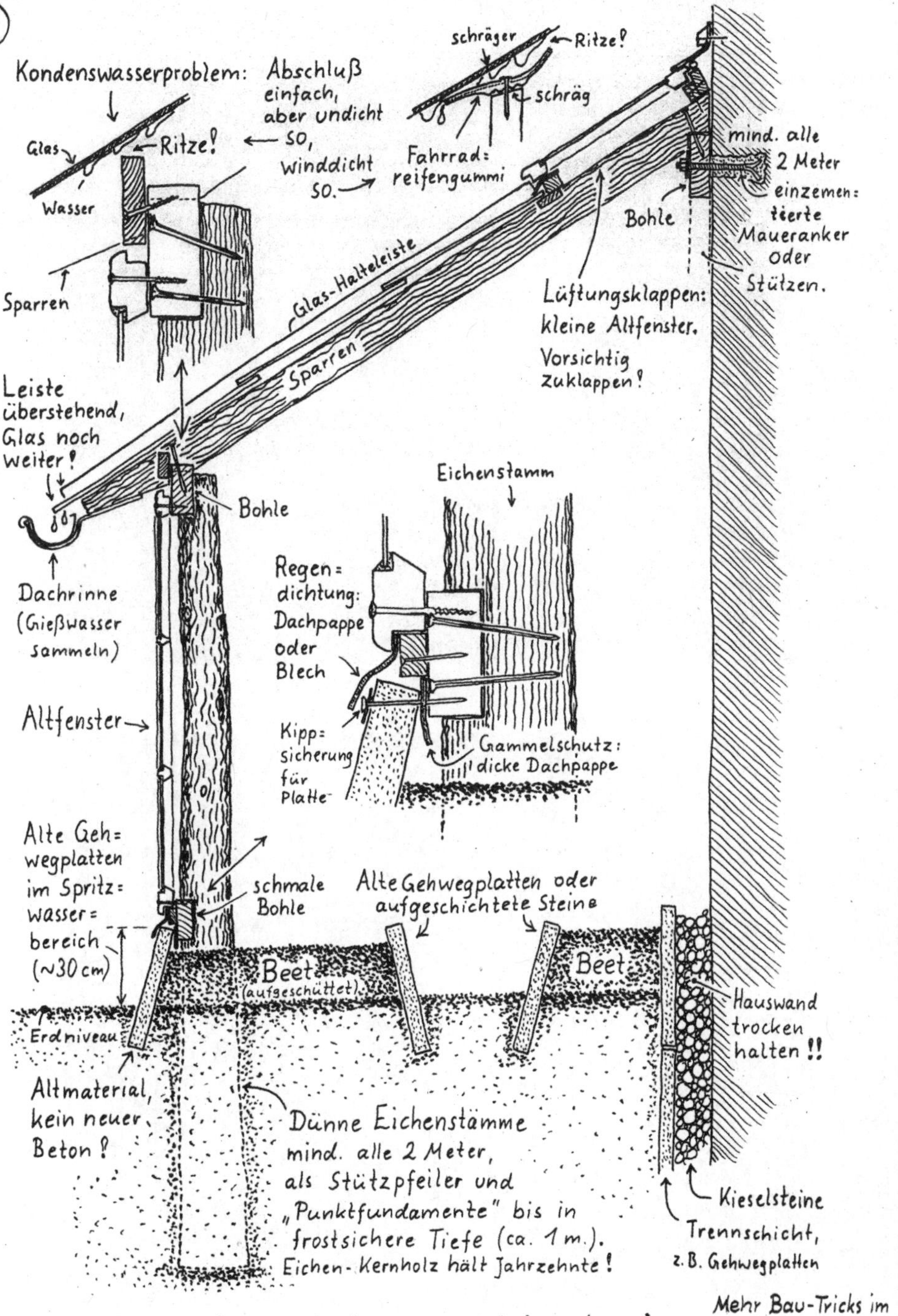

Anlehn-Gewächshaus, edel gebaut.

Mehr Bau-Tricks im Heft „Doppelfenster"...

ind Altfenster gut, für dauerhafte Dächer besser dachziegelartig über-
appende, nicht eingekittete Altglasscheiben. Von möglichst schrägen
ächern rutscht Schnee gut ab, und als Regenschutz der senkrechten Fugen
eicht (außer in stürmischen Gegenden) Fahrradreifengummi, weil Wasser da
ieber nach unten als zur Seite fließt. Für "glatte Verlegung" waagerech-
er Fugen Glasränder gründlichst reinigen und mit Silikon verkitten.

Bei schmalen Scheiben (Sparrenabstand unter 5o cm) müssen keine Quer-
treben unter die Scheibenränder. Vorteil: Kondenswasser rinnt innen bis
um Dachrand runter ohne abzutropfen. An Querstreben aber staut es sich
nd rinnt an Sparren und Balken weiter. Doppelglas - wenig Kondenswasser.

Glasdach-Bau-Tricks:

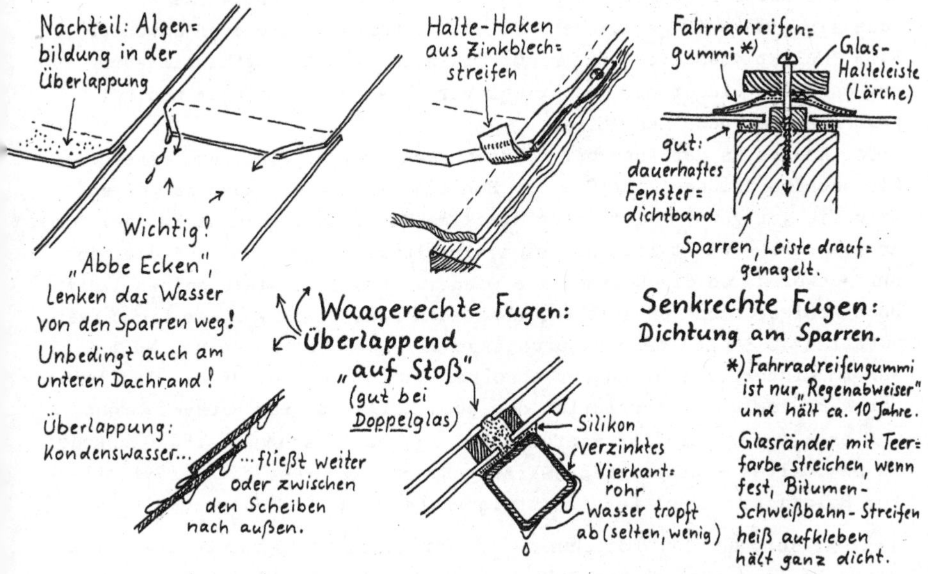

Mind. alle 2 Meter baue Querverbindungen, die nicht die Scheiben berüh-
en, zwischen die Sparren, damit die Sparren sich nicht verziehen. Gegen
ruchgefahr durch Absacken sind feste Fundamente wichtig, Beton oder Grund-
auern aber völlig unnütze Verschwendung. Tief eingegrabene Stützpfähle
Eiche, oder supersolide: auf Stück Gehwegplatte im Loch gestelltes dickes
erzinktes Schrott-Wasserrohr) reichen völlig aus ("Punktfundamente").

Wie jedes Gärtnerei-Gewächshaus können Glasdächer brechen (bei Sturm
icht betreten, fallende Scherben wirken wie Schwerter!). Deshalb Acryl-
las-Doppelstegplatten zu nehmen bringt nur kurze Freude: in wenigen Jah-
en wird das Plast trüb, der Sonnenwärme-Zugewinn schwindet, die Giftfa-
rikanten freuen sich. Sicherheitsglas? zu teuer. Einfach Kaninchendraht
nter die Sparren spannen, zum (selten nötigen) Fensterputzen abhakbar.

Selbstbau von Flachkollektoren

So funktioniert der Flachkollektor:

Das Kernstück ist eine mattschwarz gestrichene Platte, die von der Sonnenstrahlung heiß wird wie eine Teerstraße. Sie ist von Kanälen durchzogen, durch die das Wasser fließt und erhitzt wird. Dies Teil heißt "Absorber", er absorbiert, d.h. er saugt auf, die Sonnenwärme.

Wie gut er das tut, hängt von folgendem ab:
Erstens muß er aus gut wärmeleitendem Material sein, zB. Metall, zweitens muß die Wärme gut heraustransportiert werden, das Wasser also gut hindurchfließen können, sonst ist er schnell heiß, nimmt dann aber kaum noch weitere Wärme an wegen der Abstrahlungsverluste. Drittens geben schwarze Oberflächen auch besonders gut Wärme ab (deshalb sind weiß gestrichene Zimmerheizkörper Energieverschwender) Eine "Selektivbeschichtung" nimmt die Wärme gut auf, gibt sie aber nur schlecht wieder ab, das bringt vor allem bei bewölktem und bei kaltem Wetter noch mehr Effekt.

Der Kasten um den Absorber schützt gegen kalten Wind, und eine Glasscheibe darüber läßt 9o% der Sonnenstrahlung zum Absorber durch, wenn sie gut geputzt ist (sehr dreckige Scheiben verschlucken über 5o%). Am Absorber wandelt sich die Lichtstrahlung in Wärme um, und die geht nur schwer durch die Glasscheibe wieder raus. Zwei Glasscheiben lassen noch weniger Wärme entweichen, aber auch wesentlich weniger Licht rein. Nützlich ab 5o-6o° Temperaturunterschied zwischen innen und außen, also nur im Winterbetrieb. An der Absorber-Rückseite schützt die Isolierung vor Wärmeverlust - fertig ist der gute Kollektor zur Hausversorgung!

Dieses Bauprinzip ist einfach, billig und leistungsstark: Glasscheibe bzw. altes Fenster, geschwärzter Flachheizkörper drunter, isolierter Holzkasten drum! Details steigern Leistung und Haltbarkeit, s.S. 30.

Laut Bericht der Dt. Forschungs- u. Versuchsanstalt für Luft- u. Raumfahrt liefert ein solcher Kollektor von 1 m^2 Fläche bei Sonnenschein und 1o°C Außentemperatur (Februar/März) täglich 56 Liter 52° heißes Wasser. Die Sonnenscheinwahrscheinlichkeit liegt im Mittel bei 42%.

Aber auch bei bewölktem Wetter oder an sonnigen Wintertagen liefert der Kollektor noch spürbar Wärme. Meiner Erfahrung nach reicht ein 1 m^2- Kollektor aus, um von März bis Oktober täglich 5o - 1oo l Wasser zu erwärmen, im Schnitt über 4o°C, im Sommer kann's über 9o°C werden.

Gerade in der warmen Jahreszeit kann ein Sonnenkollektor in den vielen Haushalten beträchtlich Energie sparen, wo die Zentralheizung sonst sehr unwirtschaftlich nur für Warmwasser liefe. Ein Eigenbau amortisiert sich schon während eines einzigen Sommers, selbst wenn manche Teile neu gekauft und ein bescheidener Arbeitslohn berechnet wird.

Im Winter schafft der Kollektor weniger, er muß dafür größer und zB senkrecht an der Hauswand fest sein (S. 37), oder man kann das Wasser beim Heizen des Hauses mitwärmen (Wecktopf auf Ofen, oder komfortabler s.S. 73).

Kollektor aus dem letzten Müll, in 2 Tagen von Schülern auf einer Projektwoche gebastelt. 60 l/0,8 m², Schlauchanschluß an Wasserleitung (S.48)

Einfacher Kollektor, in 1 Tag auf einem Zeltlager gebastelt: Altes Fenster, Flachheizkörper, Abfallholz, alter Boiler, mit Fülleimer s. S.43, 30 l/0,4 m²

Fest installierter Kollektor, 20 l/0,35 m², Kaltwasservorratskanister, Schlauch zur Verbrauchsstelle

Kollektor aus Müll, 80 l/1 m², drucklos fest angeschlossen (S.48), Heizkostenersparnis mehrere 100 DM/Jahr.

Einfachster guter Flachkollektor:

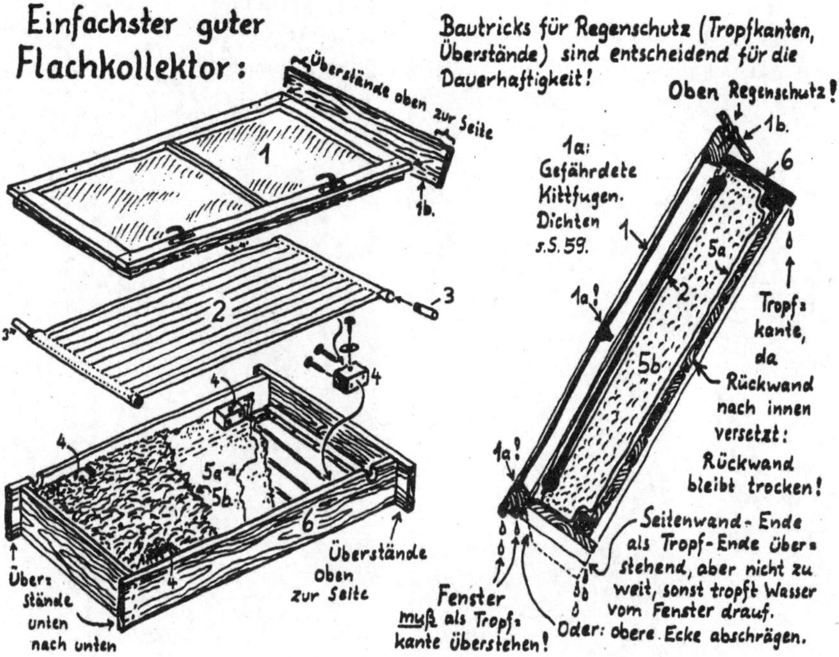

1: Altes Einfachfenster, Glasfläche größer als Flachheizkörper, sonst werfen Fensterhölzer viel Schatten drauf. Scheibe nicht über ca 1 m^2, sonst besser mit geteilter Scheibe gegen Rißgefahr durch Hitzespannung.
Altes Fenster spart Glasschneide- und Verglasearbeit, aber die Kittfugen, besonders die waagerechten, werden leicht undicht. Abdichten: S.59.

1b: Minimal-Regenschutz für die obere Fuge zwischen Fenster und Kasten: Brett oben auf dem Fenster, seitlich überstehend.

1c: Fenster mit Holzschrauben am Kasten fest, lösbar für Reparaturen.

1d: Winddichtung erhöht Leistung: Filzstreifen, besser da zugleich wasserdicht: nichtsaugendes Schaumgummidichtband, entlang Kasten-Außenkante!

2: Flachheizkörper, mattschwarz gestrichen, s.S. 60!

3: Rohrstücke als Anschluß reinschrauben, s.S. 35, Dichtung s.S. 64.

4: Halteklötze halten den Heizkörper ca 2 cm hinter der Scheibe, drücken ihn satt auf die Isolierung und verhindern seitliches Verrutschen, S. 35!

5: Isolierung. Minimum: Kasten winddicht ausgekleidet (5a) und mind. 4 - 6 cm dick mit wenig staubender Isolierung (5b) gefüllt, s.S. 61. Muß sich dem Heizkörper-Wellblech anpassen, daß keine Luft hinter ihm langzieht.

6: Kasten aus unlackierten (!!) Brettern, Rückwand Nut + Feder-Bretter, s.S. 60. Bauweise so, daß kein Regen reinkommt: Oberes Brett überragt die seitlichen Bretter, diese laufen über die Enden des unteren Brettes, Rückwand nach innen versetzt! Gegen Insekten (und Wind) Löcher und grobe Ritzen von innen zukitten (Fensterkitt oä.), für Winddichtigkeit lückenlos auskleiden, zB 2 Lagen Packpapier, Ränder tackern, besser kleben.

Verbesserungen: Wasserdichtigkeit: Wasser kann durch Ritzen einsickern oder die Wandbretter durchfeuchten und nach innen verdunsten bzw sich in die Isolierung saugen. 100% dicht kriegt man nicht hin, also muß Feuchte ungehindert nach außen verdunsten können, sonst beschlägt das Glas (Leistungsverlust!) und der Kollektor kann von innen gammeln. Lack oder großflächig anliegende Verkleidung mit Dachpappe, Blech o.ä. an Rückwand oder Seitenwänden verhindern Verdunstung und schaden mehr als sie nützen! Stattdessen:

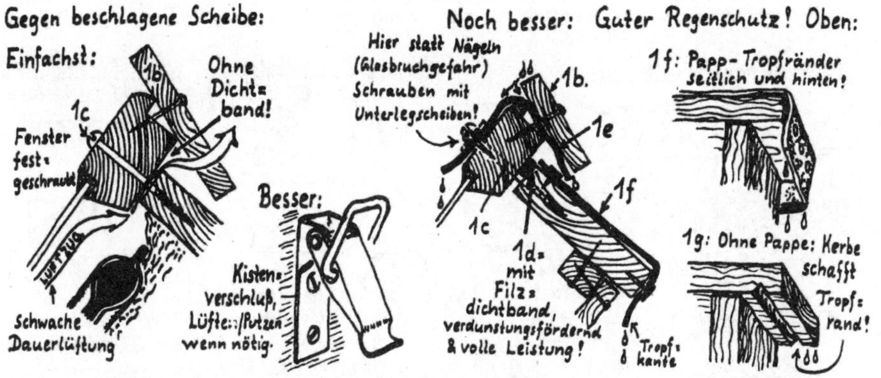

Entweder Möglichkeit für verstärkte Durchlüftung. Bei Einfachstbastelwerken Dichtband (1d) weglassen, schwache Dauerlüftung schluckt weniger Leistung als beschlagene Scheibe. Regenschutz 1b unentbehrlich, 1h sinnvoll. Bei gut erreichbaren Kollektoren: Mit Dichtband, aber Fenster mit Scharnieren und Kistenverschlüssen fest. Volle Leistung. Bei Bedarf zum Lüften auf.

Oder edel: Konstruktiver Schutz, d.h. Bau-Details so, daß Wasser gar nicht erst an tückische Ritzen kommt, möglichst auch nicht an die Seitenwände:

1e: Oberseite. Dachpappstreifen schützt vor Wasser, das sich zwischen Brett 1b und Fenster zum Dichtband durchmogelt (erlaubt hier verdunstungsfördenden Filzstreifen statt wasserdichtes Schaumstoffband) und hält außerdem die obere Kittfuge des Fensters trocken. Der Dachpappstreifen

1f schützt das obere Kastenbrett vor Durchfeuchtung. Seitlich und hinten Rand nach unten als Tropfkante überstehend umklappen und annageln.

1g: Wenn ohne Dachpappe 1f, Kerbe in den Überstand des oberen Brettes sägen um Tropfkante zu erreichen, gut bei transportablen Kollektoren, weil Dachpappe beim Transport leicht einreißt, dann staut sich Wasser drunter!

Statt 1b, 1e und 1f extra edel: Stück alte Dachrinne (evtl weiter biegen), seitlich überstehend, als Dach über die ganze Oberseite anschrauben.

1h: Seitenwände. Nach unten überstehende Leisten seitlich am Fenster halten das Dichtband garantiert trocken (erlaubt Filzstreifen). Müssen Abstand von den Wänden haben! Statt der Leisten Bretter (vorstehende Oberkante schräg hobeln) halten die Wände fast 100 % trocken. Zeichnungen S. 32.

1i: Falls nicht zu viel Schatten auf Heizkörper fällt, Brett auf seitliche Fensterhölzer schrauben (lösbar für Reparatur der Kittfugen), hält Kitt und Fensterholz fast trocken. Unbedingt mind. 5mm Abstand (Scheiben von

Korken dazwischen), sonst saugt sich Nässe zwischen Brett 1i und Fensterholz, verdunstet schlecht und es gammelt schneller als ohne Brett!

Unteres Wandbrett bleibt durch Überstand des Fensters trocken. Unteres Fensterholz oder waagerechte Sprossen lassen sich nur bei Neuverglasung z.B. mit abgewinkelten Zinkblechstreifen schützen (1k).

3a: Rohrdurchführungen in den Kasten sind wegen Hitze und Wärmedehnung schwer wasserdicht zu verkitten. Trick: An der Leitung entlang zum Kollektor leckendes Wasser mit dickem Draht o.ä. ableiten, kommt dann gar nicht erst bis an die Durchführung ran (Prinzip Paddel-Tropfringe).

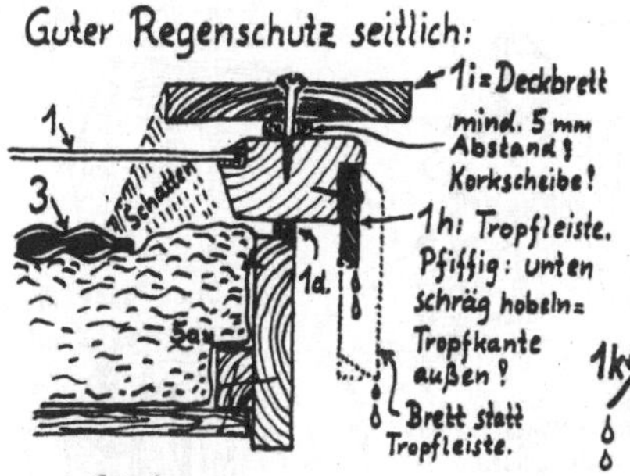

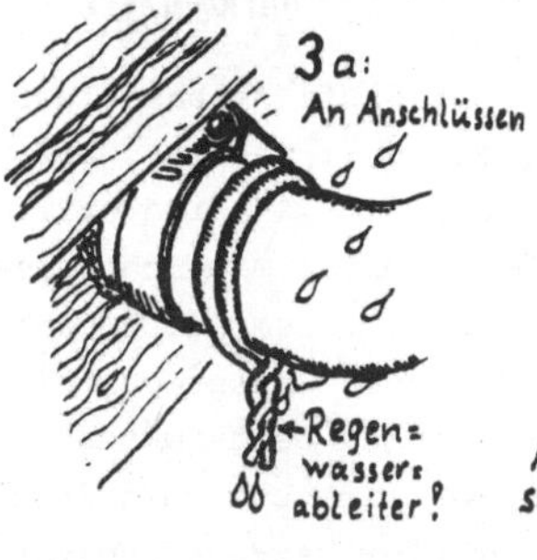

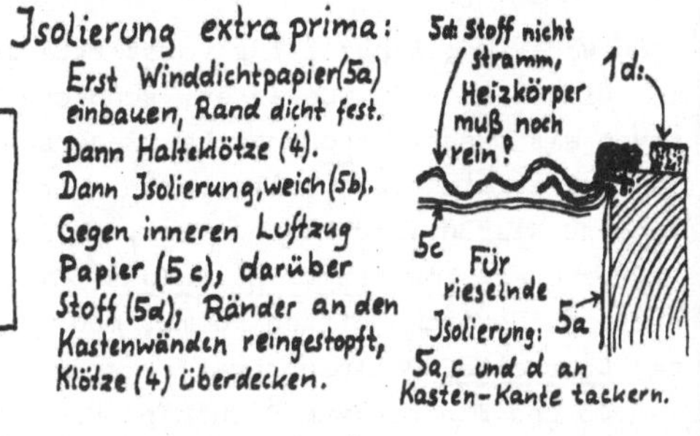

Verbesserte Isolierung: Dicker bringt mehr. Alufolie reflektiert die Wärmestrahlung, darf den Heizkörper aber nicht berühren (Lage Stoff drüber, S. 61).

5c: Zeitung o.ä. verhindert Verluste durch Luftzirkulation in die Isolierung,

5d: damit's haltbarer ist, Bettlakenstoff o.ä. drüber, Ränder zwischen Wand und Isolierung stopfen. Stoff mit Papier und/oder Alufolie drunter, am Kastenrand dicht festgeheftet, erlaubt krümelnde und rieselnde Isolierg.

Doppelglas: s.S. 28. Nie Thermopanescheiben nehmen, Innenscheibe springt in der Hitze. Bis max. $^1/_2 m^2$ sind Doppelglas-Altfenster (Verbundfenster) brauchbar. Lose verlegte Innenscheibe ist am sichersten gegen Hitzespannungsrisse.

Bauweise mit Glasscheiben direkt auf dem Kasten vermeidet unsichere Kittfugen der Altfenster, hat weniger Schattenwurf als die Fensterhölzer. Lose zwischen Dichtband liegende Scheibe vermeidet Dehnungsrisse im Kitt bei großen Glasformaten. Teilung mit senkrechten und waagerechten Sprossen ohne Dichtungsprobleme möglich. Kasten, Heizkörper, Isolierung usw im Prinzip wie auf S.30, aber einige Details anders:

Kollektor mit Glasscheibe unter Deck-leisten (Schnitt):

Nr. 2, 5a-d, 6: s. S. 30!

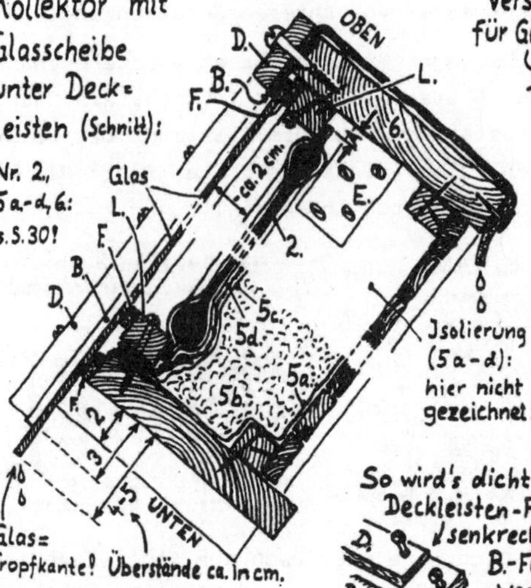

Glas unten mit Halter aus Blech-streifen sichern!

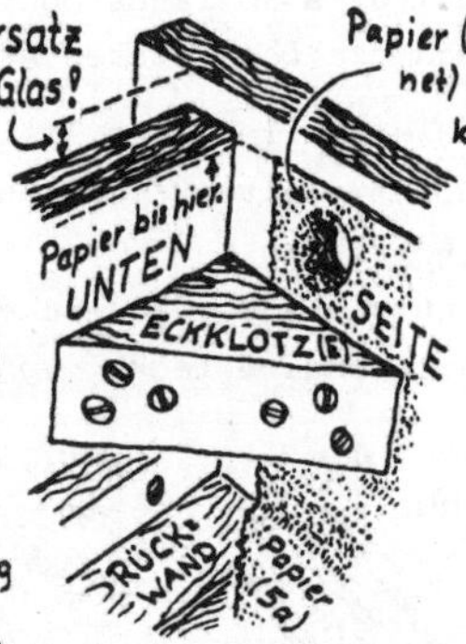

So wird's dicht: Deckleisten-Fuge senkrecht, B.-Fuge waagerecht

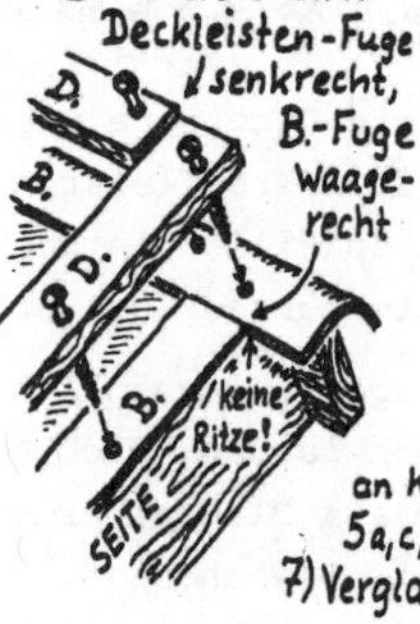

Bau-Reihenfolge:

1) Kasten (6) nur ca. 1 cm größer als Heizkörper bauen (Abstand A).
2) Löcher f. Hzk.-Anschlußrohre bohren.
3) Erst Winddichtpapier (5a), dann Eckklötze (E, z.B. aus Dachlatte) einbauen.
4) Isolierung (5b) rein. Evtl. Abdeckung (5c, d) drauf, größer als Kasten.
5) Heizkörper (2) auf Eckklötze zwingen, Rohre reinschrauben.
6) Leisten (L) auf Hzk. drückend fest-schrauben, pressen zugleich 5a, c, d an Kastenwände. Überstand von 5a, c, d abschneiden. Hzk. schwärzen.
7) Verglasen mit Deckleisten oder Silikon:

- Heizkörper liegt ca 2 cm tief im Kasten, daher Bohrungen statt Aussparungen in den Kastenwänden, zugleich Heizkörperbefestigung (s.S. 35).
- Da kein aufgeschraubtes Fenster den Kasten oben verstärkt, Eckklötze (E.) einschrauben, zugleich Auflage für Heizkörper. Der Heizkörper muß den Kasten verdrehungssteif machen (sonst Glasbruchgefahr) und wird darum von den Leisten (L.) auf die Eckklötze gedrückt.
- Glasscheibe liegt seitlich und oben auf den Leisten, unten muß sie immer als Tropfkante über die Kastenwand ragen (mit Haltern aus Blechstreifen). Daher Oberkante Leisten und Oberkante der unteren Kastenwand 5-1o mm (je nach Glasdicke) tiefer liegend als Oberkante von oberer Wand und Seitenwd.
- Bei kleinen Scheiben (bis 1/2 m^2) Einkitten mit Silikon möglich, Nachteil: nicht lösbar für Reparaturen. Gewächshauskitt (Bitumenbasis) geht auch.
- Größere Scheiben auf Filzstreifen auflegen (F.) und mit Deckleisten (D.) halten. Dichtung gut und billig (Abfall bei Dachdeckern), aber schwer lösbar aus Bitumen-Schweißbahn (ganz dicke Dachpappe), wird bei Hitze klebrig und klebt dann dicht auf Glas und Kastenwand. (B.) Keine Bit.-Schweißbahn unter der Glasscheibe, kann dort schmelzen und raustropfen. Für leicht lösbare Scheibe statt Bit.-Schweißbahn nichtsaugendes Schaumstoff-Dichtband auf die Scheibe kleben, sonst bläst Wind Wasser in die Fuge.

- Überstände unten am besten so: Seitenwände kurz (zB 2cm), Deckleisten länger (zB 3 cm), Glas am längsten (zB 4-5 cm), dann kriegen weder die Seitenwände, noch die Deckleisten Leckwasser vom unteren Scheibenrand.

Bei transportablen Kollektoren Tricks gegen Bruchgefahr am vorstehenden unteren Scheibenrand: Seitenwände lang überstehen lassen (nutzbar als Standfüße), Schutz-Leiste in ca 2-3 cm Abstand quer unterm Glasrand, Deckleisten laufen über Schutzleiste. Glas-Ecken unten leicht abschrägen führt das Wasser, das von der Scheibe leckt, von den Seitenwänden weg.

Regenschutz oben durch umgefaltete Dachpappe oder Dach aus Stück Dachrinne. Verbesserung seitlich: ähnlich S. 32 Tropfleisten an seitliche Deckleisten nageln oder (Kreissäge nötig) Tropfrillen in Deckleisten sägen. Blechwinkel statt Deckleisten sind noch wetterfester und werfen weniger Schatten.

Geteilte Scheiben: senkrechte Fugen zwischen Leisten und Dichtband, waagerechte Fugen: Scheiben überlappen lassen, Dichtband oder Kitt dazwischen gegen Wind und Insekten, Halter aus Blechstreifen an die Auflageleiste. Da seitliche Glasauflage gestuft, Gewächshauskitt unter Deckleiste nötig.

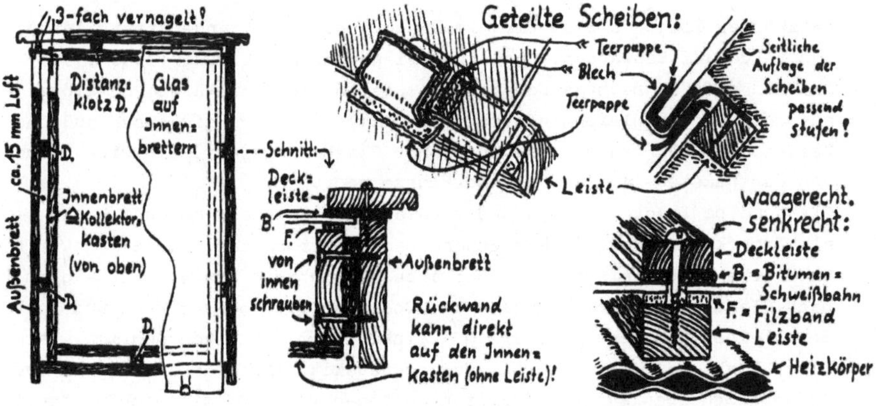

Superausführung "doppelwandig hinterlüftet": Kollektorwände bleiben immer trocken! Doppelte Wand gibt dreifache Vernagelung, extra stabil! Kollektorkasten einfaches Fichtenholz (wenig Verzug, wichtig bei großen Gläsern), Außenkasten am besten aus Lärchenholz (besonders wetterfest - s.S. 60). Scheibe liegt auf Dichtband auf dem Innenkasten auf, Bit.-Schweißbahn oder Dichtband auf Scheibe, Deckleisten drüber, außen überstehend.

Anschließen der Flachheizkörper

Auf jeden Fall läuft die "kalt vom Tank zum Kollektor"- Leitung unten an den Flachheizkörper und die "warm zum Tank"- Leitung zweigt oben ab. Der Heizkörper selbst soll so stehen, daß das Wasser in ihm vom kalten zum warmen Ende steigen kann und höchstens auf kurzen Strecken waagerecht läuft. Fallen darf es nicht, erst recht nicht in der oberen Sammelrippe, sonst kann sich Luft in der hochstehenden Ecke sammeln.

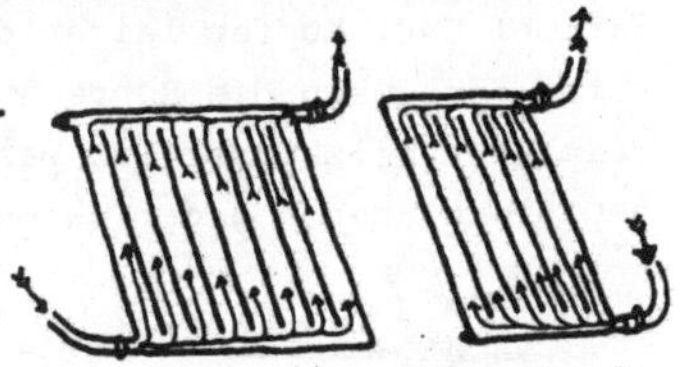

Quadratische, erst recht hochformatige Heizkörper kannst Du nach Belieben nur an einer Seite oder über Eck anschließen, die Strömung verteilt sich gleichmäßig.

Querformatige Heizkörper müssen über Eck angeschlossen werden, sonst zirkuliert das Wasser nur durch einen Teil der Fläche und der Rest wird gar nicht genutzt.

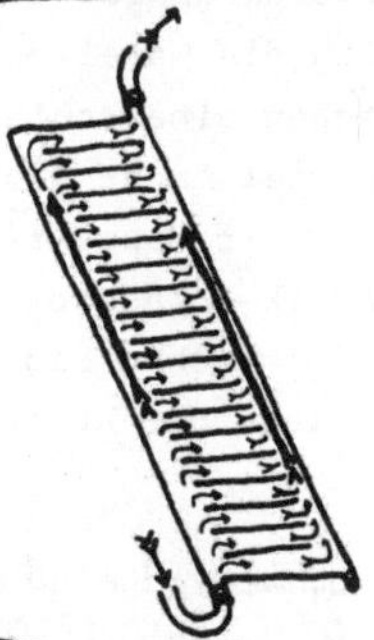

Querformatige Heizkörper sind, über Eck angeschlossen, ebensogut auch hochkant gestellt verwendbar, obwohl die Wasserrippen dann waagerecht verlaufen. Im ersten Moment steigt nur das Wasser in den jetzt senkrecht stehenden Sammelrippen auf, zieht das Wasser in den waagerechten Rippen aber zwangsläufig mit, und schon ist die Zirkulation im Gange.

Ideal ist es, den Heizkörper über Eck anzuschließen und an einer Seite ein klein wenig anzuheben, so daß die waagerechten Sammelrippen auch etwas in Strömungsrichtung ansteigen und so die Zirkulation verstärken.

Die Heizkörper haben meist 3 Anschlüsse, den nicht gebrauchten verschließe mit einem Schraubstopfen oder schließe hier die Entleerung an.

Du kannst den Heizkörper an Holzklötzen mit Schraube und großer Unterlegscheibe im Kasten befestigen, die durch die Kastenwand geführten Rohre geben ebenfalls Halt. Er muß noch 1-2 mm Spiel haben, damit er sich in der Hitze dehnen kann, ohne die Kiste auseinanderzutreiben. Ritzen bei der Rohrdurchführung verschließe mit elastischem Kitt (Silikon) oder öko: leinölfirnisdurchtränktem Hanf.

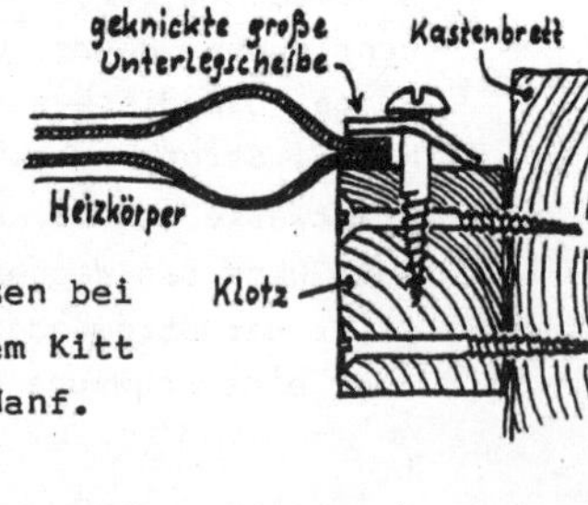

Weitere Möglichkeiten zum Absorberbau

Um den Absorber (s.S. 28) machen viele Hersteller so ein geheimnisvolles Brimborium, daß man denken sollte, so etwas könne man nicht selber bauen. Fabrikmäßige Absorber sind meist Kupferbleche mit einzelnen aufgelöteten Rohren und sehr teuer. Angeblich geht nur Kupfer, weil Eisen erstens wegrostet und zweitens schlecht Wärme leitet. Beides Blödsinn! Eisen rostet nur dann durch, wenn es mit falschem Material (zB Kupfer!) kombiniert ist, S. 61. Frechheit: Kupferabsorber zerstört Eisenteile der sonstigen Installation! Und: Kupfer leitet die Wärme zwar 6 x besser als Eisen, aber was nützt das, wenn die Rohre auf dem Absorber 1o cm weit auseinander liegen? Beim Flachheizkörper ist das Wasser fast überall direkt hinterm 1 mm dünnen Blech, der Weg der Wärme also 1o - 1oo x kürzer...

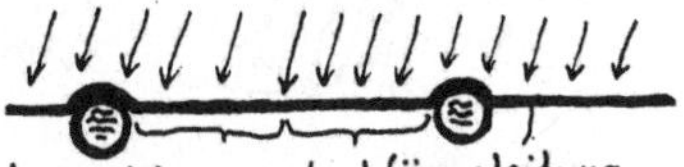

lange Wege, gute Wärmeleitung
Kupferrohr-Absorber mit Kupferblech

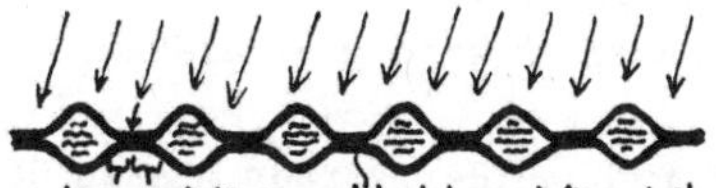

kurze Wege, schlechtere Wärmeleitg.
Eiserner Flachheizkörper

Allerdings ist die fabrikmäßige Schwärzung tatsächlich besser, da wird nämlich die Metalloberfläche selbst chemisch geschwärzt, während beim Selbermachen eine schlecht wärmeleitende Farbschicht draufkommt. Aber keine Bange, so viel macht das nicht aus, und wenn schon, dann bauen wir unseren Kollektor halt doppelt so groß, kost' ja nix, und schon übertreffen wir die teure Fabrik-Anlage dicke... Bedenke auch: Umwelt schützen - Schrott benützen!

In manchen Bauanleitungen werden außer Fabrik-Absorbern auch z.B. Autokühler oder Absorber von Kühlschrank-Rückwänden empfohlen. Eigenschaften:

	Flachheizkörper	Autokühler	Kühlschrank-Absorber	Fabrik-Absorber
Schwerkraftumlauf möglich?	JA	meistens	NEIN	selten
Pumpe nötig?	–	selten	immer	meistens
Betrieb mit Leitungsdruck (6 bar) möglich?	NEIN (max. 2,5 bar)	NEIN	JA	JA
Volumen pro Fläche?	mittel	groß	sehr klein	klein

- Schwerkraftumlauf: Riesenvorteil, denn nur Schwerkraftumlauf arbeitet ohne fremde Energie, ist technisch mit Abstand am einfachsten und am zuverlässigsten. Allerdings: Speicher muß höher als Kollektor stehen.
- Pumpe: dicker Nachteil! Verlangt technisch aufwendige Steuerung, gekauft sehr teuer, frißt Strom und damit einen Teil der Energieeinsparung. Die sehr dünnen Rohre von Kühlschrank-Absorbern erfordern eine so starke Pumpe, daß diese einen Großteil der gewonnenen Energie wieder verbrät. Merke: Strom verbrauchen heißt dreifach Energie verbrauchen, weil die Kraftwerke ca 2/3 Abwärmeverluste haben! Verwende Kühlschrank-Absorber nur, wenn das Wasser per Leitungsdruck oder Gefälle durchläuft, s.S. 42. Fällt der Strom oder die Pumpe aus, können die Kollektoren überhitzen! Aber eine schwache Pumpe für Solarstrom können wir selber bauen, S. 46.

- Betrieb mit Leitungsdruck möglich: Kann ein Vorteil sein bei Anlagen, die das Leitungswasser direkt erwärmen (nicht winterfest) und viele Zapfstellen versorgen. Teure Sicherheitseinrichtungen nötig! Wir vermeiden all das mit Installationstrick "Drucklos für mehrere Zapfstellen" S.49. Winterfeste Anlagen haben sowieso einen separaten drucklosen Kreislauf.
- Volumen pro Fläche: Größer ist schlechter. Verschwindet die Sonne, bleibt nur das Wasser im Speicher warm, das im Kollektor wird bald kalt. Bei der Flachheizkörper-Anlage sind jedoch nur ca 10% im Kollektor, so daß noch kleineres Volumen nicht gerade die Riesen-Verbesserung ist.

ir haben seit 1980 die besten Erfolge mit Flachheizkörpern, auch in Kollekoren, durch die direkt das Leitungswasser fließt, hält der Schrott-Heizkörer seit 20 Jahren. Bei Schwerkraftumlauf zirkuliert das Leitungswasser so angsam, daß gelöstes Eisen unten im Heizkörper bleibt und ein chemisches leichgewicht schafft, das ihn am Weiterrosten hindert. Nur beim Ausleeren orm Winter kommt etwas Rostwasser raus, während ich das ganze Jahr über nur lares Wasser zapfe. Von den vielen seitdem gebauten Kollektoren ist erst iner nach 15 Jahren durchgerostet, aber auch von außen, weil durch ruppige ehandlung des Kastens jahrelang Regen reinlief. Bei Zwei-Kreislauf-Anlagen reist stets dasselbe Wasser durch den Heizkörper, also kaum Rost-Gefahr. o keine Flachheizkörper zu finden sind, können wir Absorber selber bauen!

Aufstellen des Kollektors:

ransportable Kollektoren kannst Du stets zur Sonne drehen und so die Ausbeute eicht verdoppeln. Fest installierte Kollektoren drehe nach Süden und neige ie nach dem Sonnenstand der Jahreszeit, in der Du die Kollektoren nutzt: für ur Frühjahr bis Herbst ca 50° steil, flachere Neigung bringt nur im Hochsomer mehr, verschlechtert aber die Ausbeute in den Monaten mit weniger Sonne usätzlich. Kollektoren auch für Winterbetrieb (niedriger Sonnenstand!) stelle a 70-75° steil, oder baue sie direkt an eine Südwand:

Hauswand ist Kastenrückwand und trägt die Heizkörper, nur 4 winddicht an die Wand geschraubte Bretter als Seitenwände sind nötig!
Nur wenig Regen fällt drauf, gammelt kaum!
+ Der Kollektor heizt auch die Hauswand und isoliert sie zugleich! Heft "Doppelfenster"!
Ist wegen baulicher Zwänge, Bäumen o.ä. ine Zeit des Tages Schatten auf dem Kolektor, richte ihn von Süden abweichend o aus, daß die Sonne möglichst lange steil raufscheint und baue ihn lieber etwas größer.

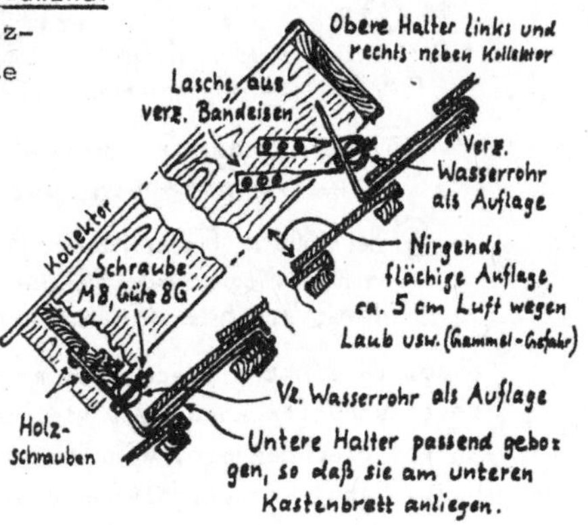

Montage im Dach vereinfacht zwar den Kollektorkasten, aber Montage auf dem Dach verhindert Flutkatastrophen bei Glasbruch o.ä. Schneegitterhalter sind gut zur Befestigung, durch Lüftungs-Dachpfannen führe die Leitungen einfach ins Haus, sonst durch Giebel- oder Gaubenwände, Fensterrahmen o.ä. Ist kein Süddach da oder willst Du Dir die mühsame Dachmontage sparen, baue den Kollektor als Vordach ans Haus oder nahe am Haus auf ein Gestell. Er muß fest stehen, daß nicht mit der Zeit eine Ecke "in der Luft hängt", der Kasten sich verzieht und das Glas bricht!

Absorber selber bauen!

In manchen Gegenden sind alte Flachheizkörper kaum aufzutreiben oder neue waaahnsinnig teuer (zB Schweiz, Türkei, Osteuropa). Macht nix, wir können auch gut und billig selbst den Absorber bauen, allerdings verlangt das einiges handwerkliches Geschick (Blechbearbeitung, Löten oder Schweißen):

- aus einfachem Eisenblech schweißen (zB von Kühlschranktüren, Autowracks, Teerfässern), ist nicht empfindlicher als ein fabrikmäßiger Flachheizkörper, die sind schließlich auch aus ordinärem Blech!

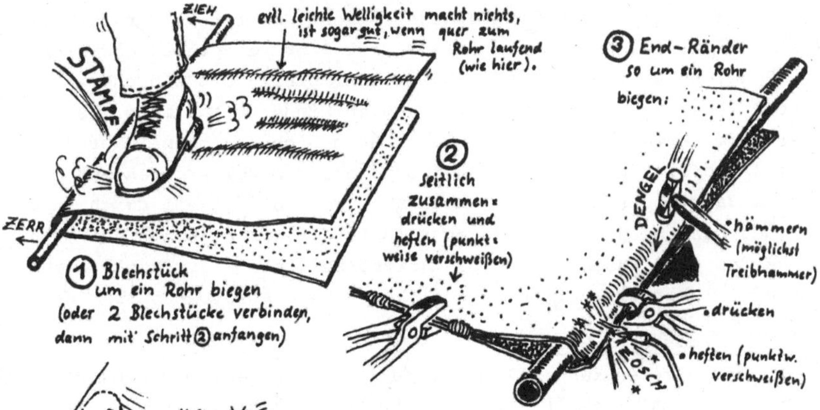

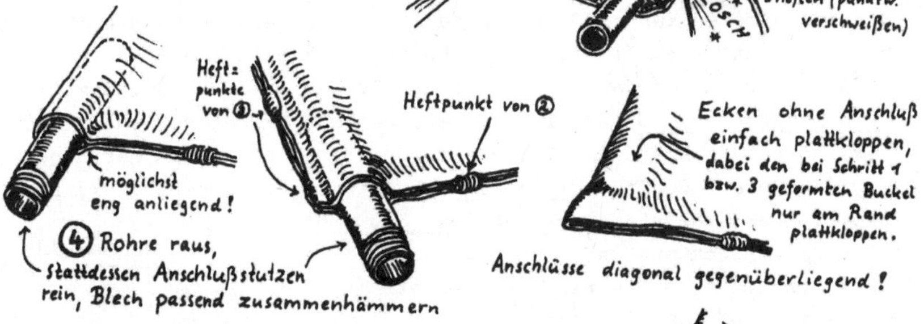

⑤ Rand ringsrum nochmal ganz dicht zusammenhämmern und alles dichtschweißen.

⑥ Bei größeren Flächen einige Punkte miteinander verbinden (Loch durch, Niet durch, oder schweißen) damit das Wasser den Absorber nicht kissenförmig aufbläht:

- aus verzinktem Blech zusammenbördeln und weichlöten, gibt prima rostgeschützte Absorber, viel besser als Flachheizkörper! Material zB von Blechdächern. Wenn Du nicht genügend Übung im Weichlöten hast, kann es jeder Klempner machen.

① Blech biegen und formen wie oben,
aber: - nicht schweißen!
- beim Zuschnitt Ränder zum Bördeln einplanen:
- Blech möglichst nirgends scharf knicken (außer am Bördelrand) und vorsichtig bearbeiten, Verzinkung ist empfindlich, kann abplatzen!

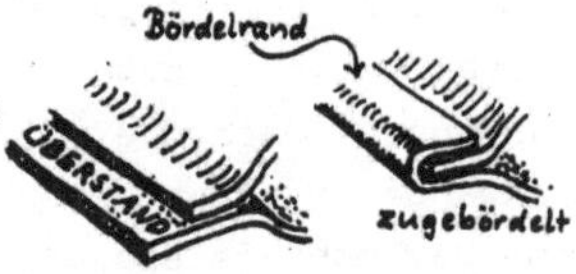

② Blechoberfläche an allen Lötflächen sorgfältig vorbehandeln:

- **vorm Biegen bzw. Bördeln** blitzblank schmirgeln
- vorm Löten mit nicht aggressivem Flußmittel behandeln: Reste müssen vollständig wegzuspülen sein bzw. dürfen nicht am Blech weiterätzen (Klempner fragen)!

③ **zusammenbördeln, löten**

④ **Rohrstutzen verstärkt befestigen** (reißen sonst aus der Lötnaht raus): festnieten (verzinkter Nagel), dann löten.

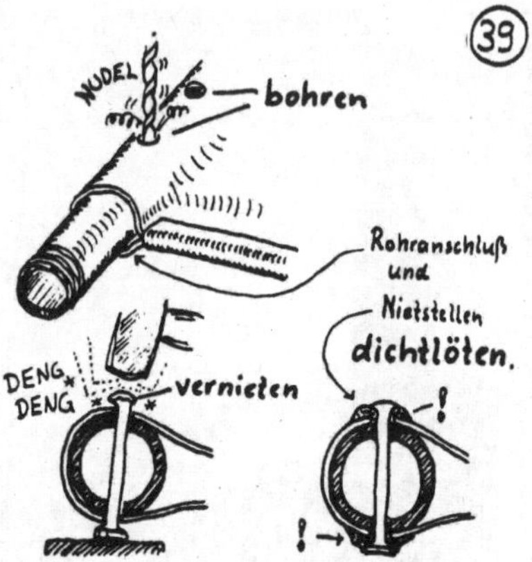

Abstand der Bleche zueinander: Ebenheit der Bleche unwichtig. Abstand voneinander ideal ca. 1/2 - 1 cm (bei den Anschlüssen mehr), aber nicht wichtig, Hauptsache Wasser paßt dazwischen durch. Falls Bleche großflächig aneinanderliegen, mit Wasserdruck vorsichtig etwas aufblähen.

- Aus Kupfer<u>folie</u> bördeln und weichlöten. Leicht zu verarbeiten und zu verlöten, evtl Lecks gut zu flicken. Nicht rostend! Jedoch nur für sehr geringen "Druck", nie über 2-3 Meter Wassersäule, platzt sonst. Nachteil: Kupfer ist superteuer, Kupferfolie o,2 mm dünn aber noch erschwinglich, von der Rolle 6o cm breit in manchen Eisenwaren-, Klempner- oder Künstlerbedarfshandlungen (für kitschige Kupferbilder...).

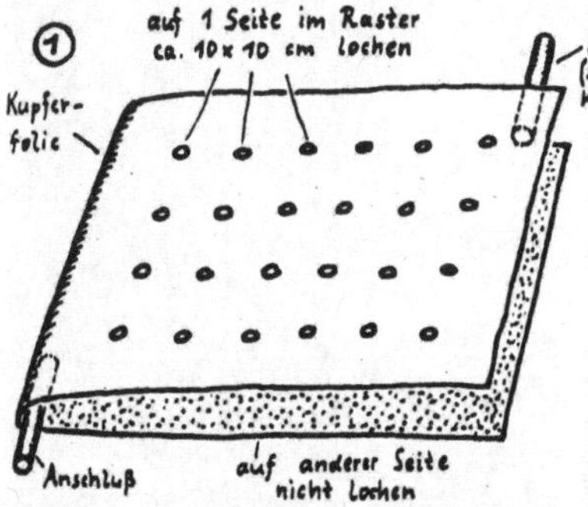

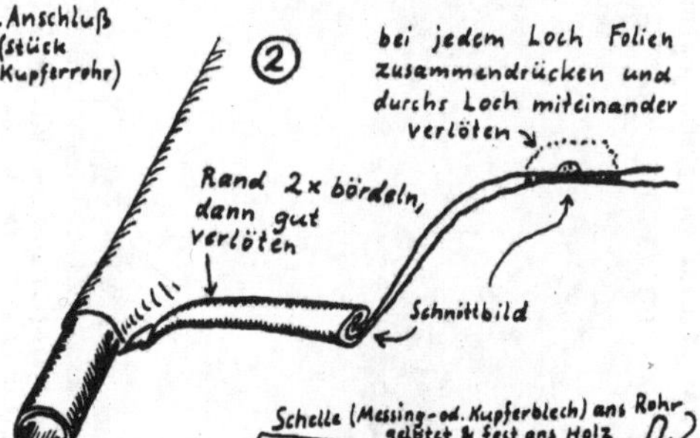

③ zur Versteifung auf Sperrholz- od. Spanplatte von Sperrmüllschrank nageln / schrauben:

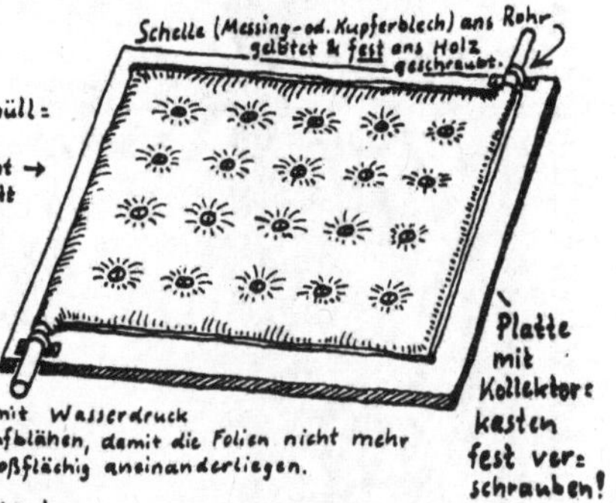

④ Absorber auf ca. 1/2 - 1 cm „aufpusten": <u>ganz vorsichtig</u> mit Wasserdruck aufblähen, damit die Folien nicht mehr großflächig aneinanderliegen.

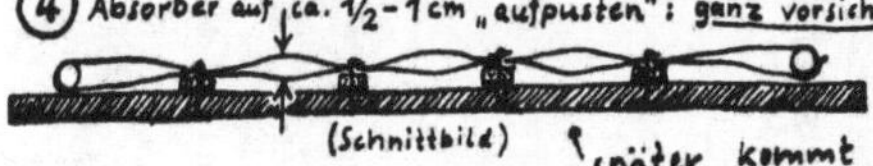

später kommt hierhinter noch Isolierung und die Rückwand des Kollektorkastens.

Die Glaswolle zwischen Kupfer und Holzplatte reicht allein nicht aus.

Auf einem tollen Zeltlager (der „deutschen reform-jugend", Kontakt: Mareike Blum, Poststr. 3, 29699 Benefeld) entstand dieser „Öko-Turm":

Kiste aus Abfallbrettern genagelt und mit isolierendem Müll gefüllt ... – etwas Glaswolle drauf und Schrott-Flachheizkörper (1,7 m²) eingebaut. Die Aussparungen in den Randleisten sind für Leisten, die die zusammengestückelte Verglasung tragen (Scheiben überlappen dachziegelartig), S. 34.

Das Gebälk des Turmes (aus Abfallholz) ist fertig, wir hieven

Flachheizkörper schwarz gestrichen, jetzt die Verglasung (mit Teer=

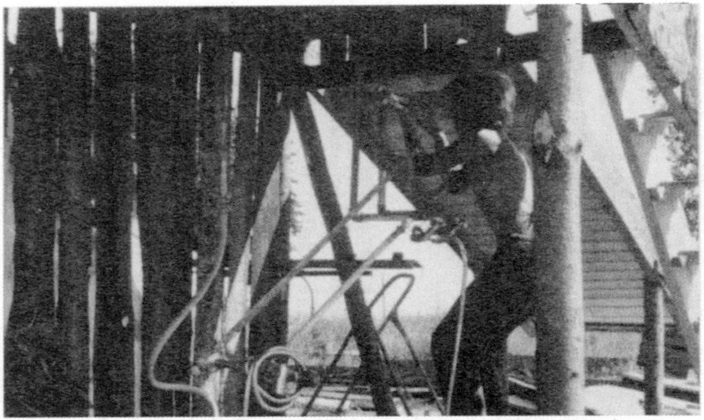

Installation nur aus Schrott. Materialkosten der gesamten Anlage: knapp 40,- DM! Heizkörper, Rohre, Hähne, Plastfaß vom Schrott, paar neue Nägel...

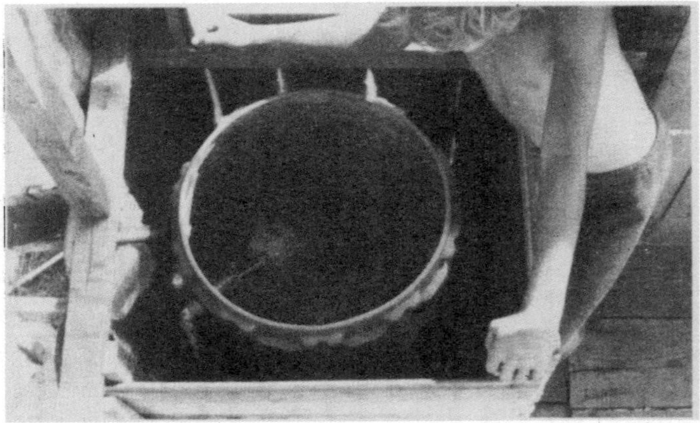

Kaum steht das Wasserfaß (150 l, Klokastenventil, Schlauch zur Wasserleitung, wie S.49) oben im Turm, wird das Wasser reingelassen und...

...fröhlich drauflosgeduscht! Seit 1985 versorgt die Anlage fast ohne Panne eine atomstrom-freie Bio-Gärtnerei und liefert täglich bis zu 300 l Heißwasser zum Duschen, Waschen, für die Küche usw.

Der fertige „Öko-Turm". Oben Klohäuschen (mit Schwarzwald-, Vogesen- und Alpenblick) und Platz für Wassertank. Unten die Duschen und der Klo-Kompostbehälter. Neben der Treppe Kollektor. Ganz oben: Strom-Windrad!

㊷ So kann der Kollektor Wasser heizen:

Entweder ganz ohne Wasserspeicher, oder verbunden mit einem Warmwasser-Sammelspeicher im Durchlauf, oder mit Speicher im Umlauf.

Ohne Speicher: Geringster Bauaufwand, außer einer Kaltwasserquelle ist nichts nötig. So kannst Du Dich schon über Sonnen-Warmwasser freuen, bevor Du den Speicher gebaut hast. Das Wasser ist schnell heiß und Du hast auch bei wenig Sonne, z.B. an sonnigen Wintertagen, etwas nutzbares Warmwasser. Aber: Ist die Sonne weg, wird das Wasser bald wieder kalt. Nur der Kollektorinhalt kann warm werden, also recht wenig. Sobald der heiß ist, hat die Sonne kein weiteres Wasser, das sie aufheizen kann, also bleibt der meiste Sonnenschein ungenutzt, wenn Du nicht stets passend zum Sonnenschein häufig kleine Mengen Wasser zapfst. Immerhin, in unserer Zeit im Abbruch-Gartenhäuschen ohne Wasseranschluß haben wir, bis die Planierraupe kam, einen Kollektor von ca 1,2 m^2 so benutzt und konnten z.B. mit einer heißen Kollektorfüllung in der Waschschüssel vieles abwaschen, oder die Füllung reichte mit Kaltwasser verdünnt für einmal duschen mit der Gießkanne in der Zinkwanne...

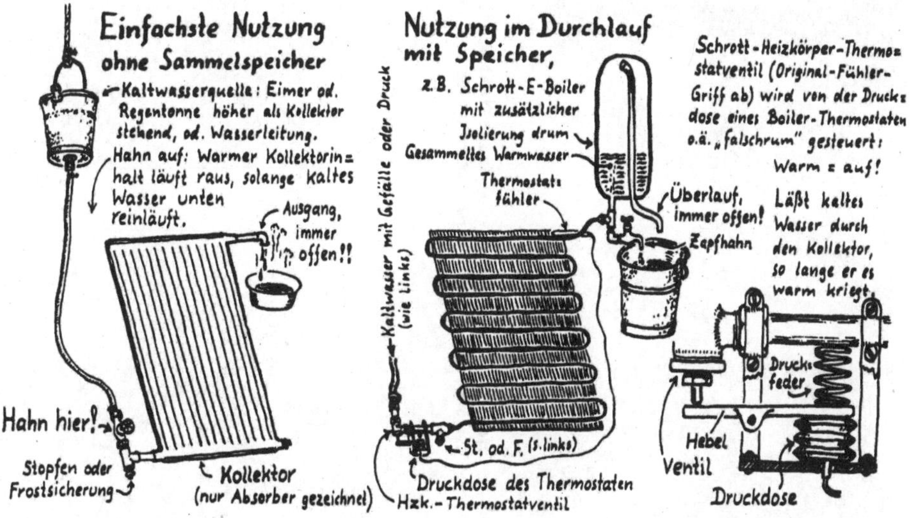

Damit der Kollektor stets ausgenutzt ist, muß, sobald er etwas heizen kann, ständig Wasser hindurch und in einen gut isolierten Speichertank strömen. Im Durchlauf darf es nur sehr langsam fließen, z.B. bei 1 m^2 Kollektorfläche und voller Sonne ca 1o Liter pro Stunde, sonst wird es nicht warm genug. In Sonderfällen sinnvoll: Absorber, die im Umlauf nur mit Pumpe arbeiten, sind so ohne Pumpe nutzbar. Der Kollektor muß nicht stets einen ganzen Speicherinhalt heizen, der an Tagen mit kaum Sonne vielleicht nur lau würde, sondern kann gerade so viel Wasser heizen, wie beim Wetter des Tages richtig heiß wird. Die Durchlaufmenge passend zu regeln ist ohne Automatik schwierig, ein Thermostatventil kann helfen. Wichtig: Verbrauche den Speicherinhalt, bevor er abgekühlt ist, sonst macht der kalte Rest den Ertrag des nächsten Sonnenscheines lau!

Ohne jede Technik sich selbst regelnd strömt das Wasser im Umlauf per Schwerkraft durch den Kollektor: Sobald Wasser in ihm wärmer ist als im Speicher, steigt es in der oberen Leitung hoch, das kältere aus dem Speicher sinkt durch die untere Leitung in den Kollektor, wird dort ebenfalls gewärmt - bis alles im Speicher warm oder die Sonne weg ist. Je nach Isolierung bleibt der Vorrat im Speicher lange warm und wird von der nächsten Sonne wieder nachgeheizt. Dies ist die effektivste Nutzungsart, wenn die Speichergröße zu Kollektor und Standort paßt (zu großer Speicher wird oft nur lau, zu kleiner Speicher ist schnell heiß, aber viel Sonnenschein bleibt ungenutzt).

Wichtig: Möglichst kurze, gut isolierte Leitungen zwischen Kollektor und Speicher, ausreichend weite Rohre/Schläuche ohne unnötige Winkel, um die Strömung nicht zu behindern, Verlauf zum Speicher hin stark steigend.

Umlauf per Pumpe ist eine Notlösung mit Nachteilen (s.S. 36) und kommt nur in Frage, wenn der Speicher absolut keinen Platz oberhalb des Kollektors hat!

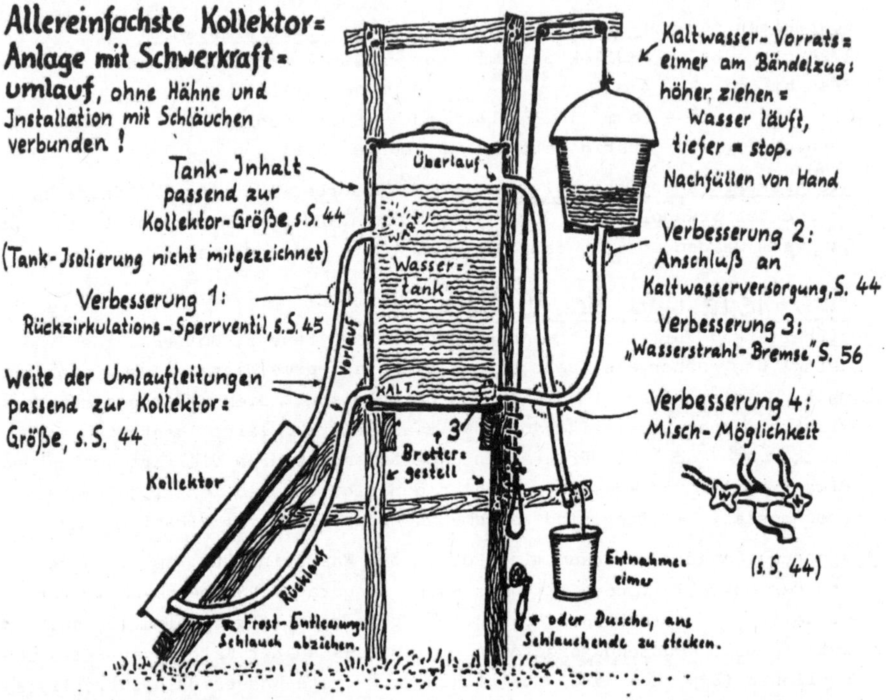

Kaltes Wasser kommt unten in den Tank, warmes aus dem obersten Anschluß raus. Die "Kalt-zum-Kollektor-Leitung" (=Rücklauf) ist immer unten am Tank, die "Warm-vom-Kollektor-Leitung" (=Vorlauf) nie ganz oben angeschlossen, denn sie muß immer unter Wasser bleiben, auch wenn der Wasserspiegel wegen Abkühlung sinkt. Günstig: Anschluß etwa auf halber Höhe, das Warmwasser steigt im Tank von selbst nach ganz oben.

Viele ebenfalls simple Verbesserungen machen sie zur guten Haushaltsanlage: Anschluß an Regentonne oder Wasserleitung, Warm-Kalt-Mischmöglichkeit, Versorgung einer Zapfstelle oder mehrerer (= das Haus-Leitungsnetz). Achtung:

Wasser dehnt sich beim Erwärmen aus, daher muß ein Überlauf oder ein Ausdehnungsgefäß da sein, sonst platzt zB bei einem geschlossenen Boiler als Wasserspeicher die Anlage! Und: Selbst wenn der Wasserspeicher Leitungsdruck aushält, der Flachheizkörper verträgt max. 25 Meter Wassersäule. Darum installieren wir drucklos, sparen uns viel Mühe und Ärger, können einfache Schläuche statt Rohre verwenden, offene Fässer als Speicher usw.

Anschlußweise: Ans Wasserleitungsnetz/Gartenschlauch (Druck!) nur mit Hahn vor der Kollektoranlage! Warmwasser-Ausgang ist immer offen als Überlauf für Ausdehnungswasser. Mit einfachem Hahn kann man nicht mischen, darum besser mit Drucklos-Mischbatterie (S.72). Nur 1 Zapfstelle möglich.

An hochstehende Regentonne, mit Leitungswasser nachfüllendem Klospülkasten o.ä. angeschlossen sind auch Druck-Mischbatterien und Versorgung vieler Zapfstellen möglich, wenn kein Hahn vor der Kollektor-Anlage ist. Das Ausdehnungswasser drückt dann rückwärts in die Regentonne/den Klokasten, s.S.49.

Rohrweiten für Umlaufleitungen von Schwerkraft-Solaranlagen:

1/2"	bis gut 1 m^2 Kollektorfläche	und ca.	6o - 1oo l Tankinhalt
3/4"	bis ca. 3 - 4 m^2	und	2oo - 3oo l
1"	bis ca. 7 - 1o m^2	und	5oo - 9oo l

je nachdem, wie günstig Leitungsweg, Länge, Steigung usw.

Richtwert fürs Speichervolumen: pro m^2 Absorberfläche 5o l (Norddeutschland, schlechter Standort) bis 1oo l (Süddeutschland), wenn der Inhalt an einem Tag warm werden und die ganze Tagesausbeute aufnehmen soll.

Bau-Teile und Bau-Details

Speichertanks: Für drucklose Anlagen beliebige Fässer, Boiler, Badeofenkessel usw, höher als breit, damit sich das warme Wasser sauber oben sammelt und sich nicht mit dem kalten unten mischt. Diese Wärmeschichtung wird von einem hereinzischendem Kaltwasserstrahl leicht gestört, darum Trick S.56! Auch gut wärmeleitende Gefäßwände stören die Wärmeschichtung, Plastikboiler und -fässer sind hier günstig. Gut isolieren, je dicker, umso besser! E-Boiler sind werksmäßig knapp isoliert. Wichtig: S.61!

Ausdehnung: Ausdehnungsraum mind. ca 5% des Wasserinhalts. Am einfachsten ist der obere Teil des Speichers Ausdehnungsraum. "Warm-vom-Kollektor" so weit unten anschließen, daß nie Luft in die Leitung kommt (Beisp.S.43). Ist ein Extra-Ausdehnungsgefäß nötig, dieses an der Kaltwasser-Seite anschließen (Bsp. S.45,49,53), um nicht das wärmste Wasser drin zu verlieren!

Entlüftung: Nirgends in den Leitungen darf sich Luft sammeln, sonst bleibt der Umlauf sofort stehen, auch mit Umwälzpumpe! Sind Luftsammelstellen unvermeidbar, muß von jeder eine Entlüftungsleitung zum Luftraum im Speicher bzw Ausdehnungsgefäß oder einfach in die Luft deutlich höher als der höchstmögliche Wasserstand der Anlage führen. So entlüftet sich der Kreislauf stets von selbst. Übliche Automatik-Entlüfter streiken oft... Schlecht verlegte Schläuche verursachen oft Luftsammelstellen, s.S.70!

Überlauf: Oben am Ausdehnungsgefäß bzw -raum ist immer die Überlaufleitung, bei stets offener Warmwasser-Entnahmeleitung kann es diese selbst sein.

Saugheber-Effekt: Bei Anlagen mit Extra-Ausdehnungsgefäß muß die Warmwasserzapfleitung erst nach oben bis zum Niveau des Ausd.-gefäßes gehen, sonst läuft das Wasser ja gleich raus. An den oberen Knick der Leitung muß dann noch ein Luftrohr ("S"), sonst würde sie, sobald Wasser drin ist, wie ein Saugheber wirken und Ausd.-gefäß und Anlage leersaugen, bis Luft in die Leitung kommt. Erklärung Bild S. 45 und S. 70.

Entleerungshahn: Für Reparaturen oder im Winter muß die Anlage vollständig entleerbar sein. Dazu bringe am tiefsten Punkt der Anlage einen Hahn an, hat die Anlage mehrere tiefste Punkte, brauchst Du auch mehrere Hähne.

Anlage mit Tücken - ein Beispiel:

- Heizkörper haben nur auf 1 Seite große Anschlüsse. Schrägstellen wegen Südausrichtung nötig. Dadurch Luftsammel-Ecke L.
- Tank paßt kaum in den Spitzboden, Hindernis im Leitungsweg. Dadurch 2 tiefste Punkte und Luftsammelstelle L. in der Leitung.
- Tank klein, kein Platz für Ausdehnungsraum drin. Extra-Ausdehnungsgefäß nötig.

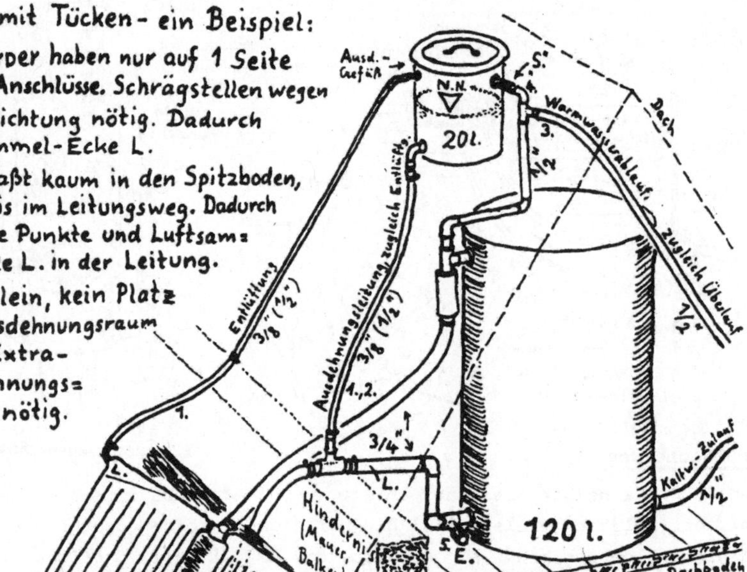

Lösungen:

1. - Entlüftung zum Ausd.-gefäß an Heizkörper u. Leitungsstück.
2. - Ausd.-gefäß an Kaltwasserseite.
3. - Warmwasserablauf = Überlauf, Anschluß in Höhe des oberen Teiles vom Ausdehnungsgefäß.
4. - Saugheber-Effekt der Warmwasserleitung durch Luftrohr zum Ausdehnungsgefäß verhindert.
5. - Zwei Entleerungen E. unten am Hzk. + unten am Tank.

Rücklauf - Sperrventil

Normalerweise steigt das warme Wasser vom Kollektor zum Tank. Wenn die Sonne weg ist, kann es aber durch Abkühlung in der Leitung ganz langsam umgekehrt zirkulieren und über Nacht ein Teil des Speicherinhaltes kalt werden! Übliche Rückflußverhinderer (S. 72) kann die schwache Kraft des Schwerkraftumlauf nicht öffnen, aber diese Selbstbau-Rücklaufsperrventile eignen sich:

- mit Flummiball. Flummis steigen meist im Wasser. Spieße etwas Messingdraht o.ä. als Tarierung in den Flummi, für: Ventil im Rücklauf = Flummi muß in Wasser ganz langsam steigen, für Vorlauf gerade eben sinken. Falsche Strömungsrichtung drückt ihn gegen den Gummiring - gesperrt, aber

selbst ganz schwache Strömung richtigherum öffnet das Ventil. Achtung: Frostschutzmittel ist meist schwerer als Wasser, in Zweikreis-Anlagen (ab (S.50) Ball nach der Frostschutz-Wasser-Mischung tarieren, die rein soll!

- mit Schwimmer. Ideal für Tanks, in denen oben Luft ist. Der ringförmige Schwimmer hält das Schlauchende auch bei schwankendem Wasserstand immer 1-2 mm überm Wasserspiegel. Schwerkraftumlauf richtigrum überwindet den Schlauchrand leicht, aber nichts kann zurück in den Schlauch fließen!

Rückzirkulations-Sperrventile:

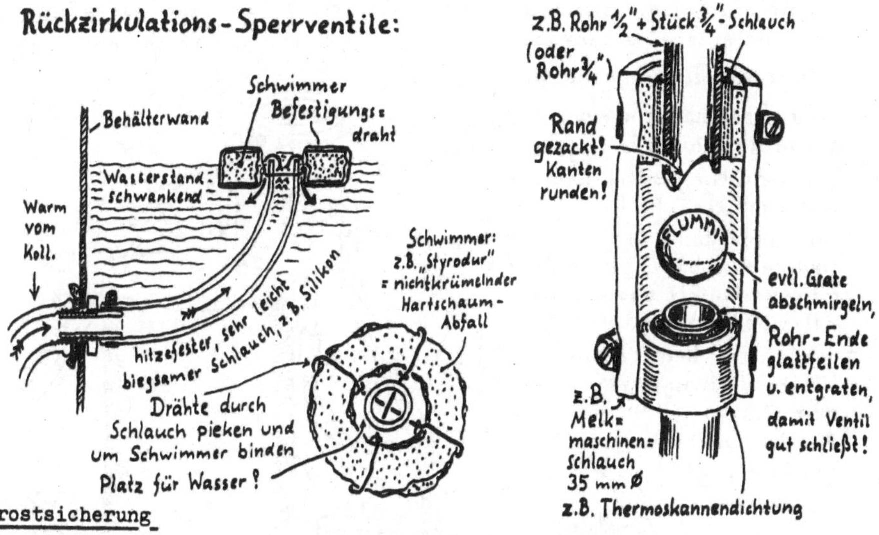

Frostsicherung

Vergißt Du, eine Ein-Kreislauf-Anlage auszuleeren, bevor das Wasser darin einfriert, platzen viele Teile! Ein normales Schrott-Heizungsthermostatventil als Entleerungshahn, so justiert, daß es bei ca +2°C öffnet, leistet gute Dienste. Zusätzlich kannst Du einen Abzweig einbauen, den Du mit einem Reagensglas o.ä. verschließt. Die Leitungen müssen lückenlos gut isoliert sein, nur das Reagensglas (und ggfs der Thermostatventil-Fühler) nicht. Im Glas friert das Wasser zuerst, sprengt es, die Anlage entleert sich selbst.

Umwälzpumpe mit Solarzellen - Antrieb

Umwälzpumpen für Sonnenkollektoren können sehr klein sein, denn das Wasser braucht auch seine Zeit um warm zu werden. Heizungsumwälzpumpem sind oft viel zu groß. Für größere Anlagen sind "Zirkulationspumpen" aus luxuriösen Warmwasseranlagen oder das Pumpwerk einer Waschmaschinenpumpe, getrieben zB. von einem kleinen 12-V-Motor aus der Autoelektrik, geeignet. Für kleine Anlagen (bis ca. 2 m^2) reicht ein kleines Pümpelchen, aus Cassettenrecordermotor und Modellschiffsschraube gebastelt. Den Strom dafür liefern einige Solarzellen. Aufbau der Solar-Pumpe: Die Schiffsschraube taucht von oben in ein Stück weites Rohr im Wasserkreislauf und ist mit einer langen Stange (zB. Messing-Schweißdraht) am Motor befestigt, so daß der über Wasser bleibt. Zweckmäßig ist unterm Motor gleich das Ausdehnungsgefäß mit Überlauf, zB. ein Blecheimer. Plastikteile verwende nur, wenn sie vom Heißwasser nicht weich werden.

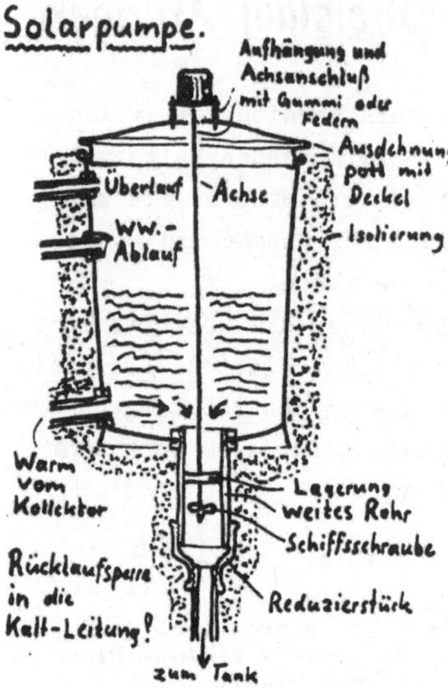

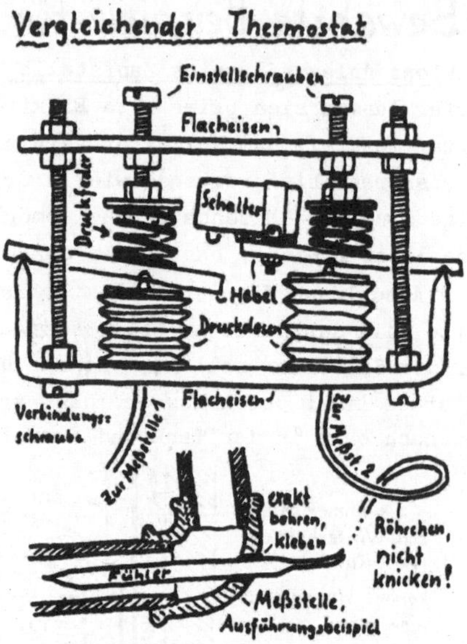

Vergleichender Thermostat

Die Umwälzpumpe darf nicht immer laufen! Sonst pumpt sie womöglich das warme Wasser aus dem Tank in den Kollektor, auf daß es kalt werden möge! Ein einfacher Thermostat, der nur die Kollektortemperatur mißt, ist unsinnig, dann würde der lauwarme Kollektor bei kaltem Tank nichts nützen oder bei ganz heißem Tank das Wasser in den normal warmen Kollektor gepumpt. Eine Steuerung durch die Solarzellen selbst ist schon etwas besser, weil die Pumpe dann, je mehr Sonne scheint, um so schneller pumpt. Doch auch dann kann das heiße Wasser vom vorigen Tag durch den von der ersten Morgensonne erst lauwarmen Kollektor gepumpt werden.

Wirklich zuverlässig steuert nur ein vergleichender Thermostat, der mißt, ob das Wasser, was aus dem Tank rausgepumpt wird, wirklich wärmer in den Tank zurückkommt, und sonst die Pumpe abschaltet.

Für diesen Zweck gibt es komplizierte Elektroniken, aber vollmechanisch geht's auch: Nimm aus zwei (möglichst baugleichen) Waschmaschinenthermostaten vom Schrott die Druckdose mit dem daranhängenden langen Röhrchen mit dem Thermofühler raus, setze beide Druckdosen in einen Rahmen und lasse sie je einen Hebel hochdrücken. Zum Eichen muß je eine kräftige Druckfeder (die aus dem alten Thermostat) gegen die Druckdose drücken, und das Widerlager der Federn baue verstellbar, damit Du daran regeln kannst, bis beide Druckdosen gleichmäßig arbeiten. Dann steht immer der Hebel der Druckdose höher, deren Fühler im Wärmeren ist. Zwischen die Hebel kommt jetzt nur noch ein Schalter, das ist alles!

Die Fühler sollen zB. durch ein T-Stück direkt ins Wasser ragen, sonst reagiert der Thermostat nur mit Verspätung. Die Meßstellen sollen in gleicher Höhe in den Leitungen zwischen Kollektor und Tank liegen, nicht zu nahe am Tank, weil es im Tank oben immer wärmer ist und die Pumpe dann nur deswegen laufen könnte, obwohl der Kollektor kalt ist.

Bewährte Beispiele für Ein-Kreislauf-Anlagen

Drucklose Anlage für eine Zapfstelle:

Hierfür lassen sich prima alte Elektroboiler als bereits fertig isolierter Tank mit dem Kollektor verbinden. Den vorhandenen Kalt- und Warmwasseranschluß verwende wie im Original weiter. Wenn Du die zugehörige drucklose Mischbatterie, womöglich noch für Dusche und Wanne umschaltbar findest, hast Du es ganz einfach beim Bau.

Die Anschlüsse für den Kollektor kannst Du gut in die abschraubbare Platte, die den Heizstab trug, schrauben (siehe Trickliste). Das Steigrohr vom Kollektor soll nur bis zur halben Höhe in den Tank ragen, dann bleibt es immer unter Wasser. Das warme Wasser steigt auch ohne Rohr ganz nach oben in den Tank und sammelt sich dort.

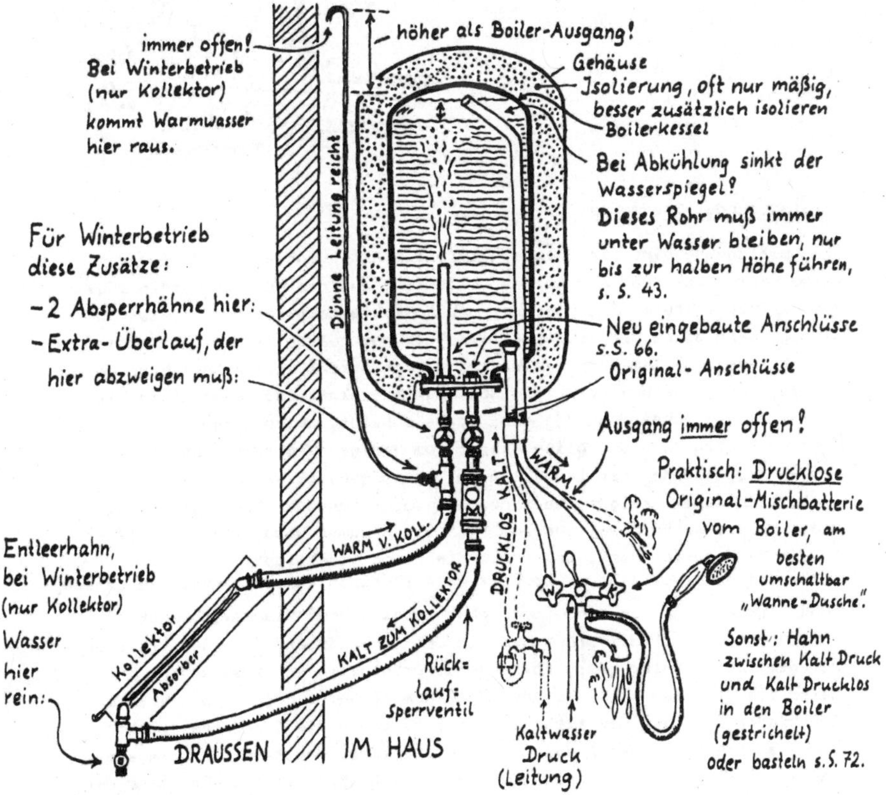

Winterbetrieb:

Ein leichter Nachtfrost ist noch keine Gefahr, aber wenn es tags auch kalt bleibt, muß die Anlage ausgeleert sein. Absorber und Rohre frieren schnell kaputt, bei etwas längerem Frost auch der Speicher. Nur Schläuche sind meist frostsicher. Ist der Speicher im Haus frostgeschützt, kannst Du zwei Absperrhähne in die Leitungen zum Kollektor bauen, bei Frost nur den Kollektor (also nur einen kleinen Teil des Anlageninhalts) leeren, der Speicher bleibt voll.

An sonnigen Wintertagen öffne die Hähne und nutze die Sonnenwärme!

Im Winterwetter schafft die Sonne oft zu wenig, um den Speicherinhalt mehr als lau zu kriegen, während sie den Kollektorinhalt leicht heiß bekommt. Pfiffig: Hähne bleiben zu, Wasser per Schlauch in die Entleerungsöffnung rein, aufheizen lassen und aus dem Überlaufrohr zapfen (wie S. 42). Vergiß aber bloß nicht, den Kollektor wieder zu leeren, bevor er einfriert! Ohne den Extra-Überlauf Explosionsgefahr: Wenn restliches Wasser im Kollektor kocht und die Hähne geschlossen sind, muß hier der Dampf raus können!

__Drucklose Anlage für mehrere Zapfstellen:__

In ein einfaches Faß als Speicher baue ein Klospülkastenventil ein, das den Speicher immer aus der Druckleitung nachfüllt. Unter Wasser montiert arbeitet es ganz leise. Schwimmer so einstellen, daß der Warmwasserablauf stets unter Wasser bleibt. Darüber muß noch Ausdehnungsraum fürs Wasser sein und ein Überlauf, falls das Klokastenventil mal versagt!

Ein geschlossener Tank (alter E-Boiler) kann auch tiefer als die Zapfstellen liegen und wird über einen Klokasten mit Ventil nachgefüllt. Der Kasten ist zugleich Ausdehnungsgefäß und muß eine Überlaufleitung haben.

An den Mischbatterien mischt es sich besser, wenn das Kaltwasser auch aus dem Klokasten kommt (Bild rechts). Sind sie mit dem Kalt-Hahn an die Druck-Leitung geschlossen (Bild links), baue einen Rückflußverhinderer (S. 72, Bauart mit Klappe, oder selbstgemacht S. 45) in den Warmwasserablauf, damit nicht aus Versehen Wasser rückwärts in den Tank drückt und er überläuft.

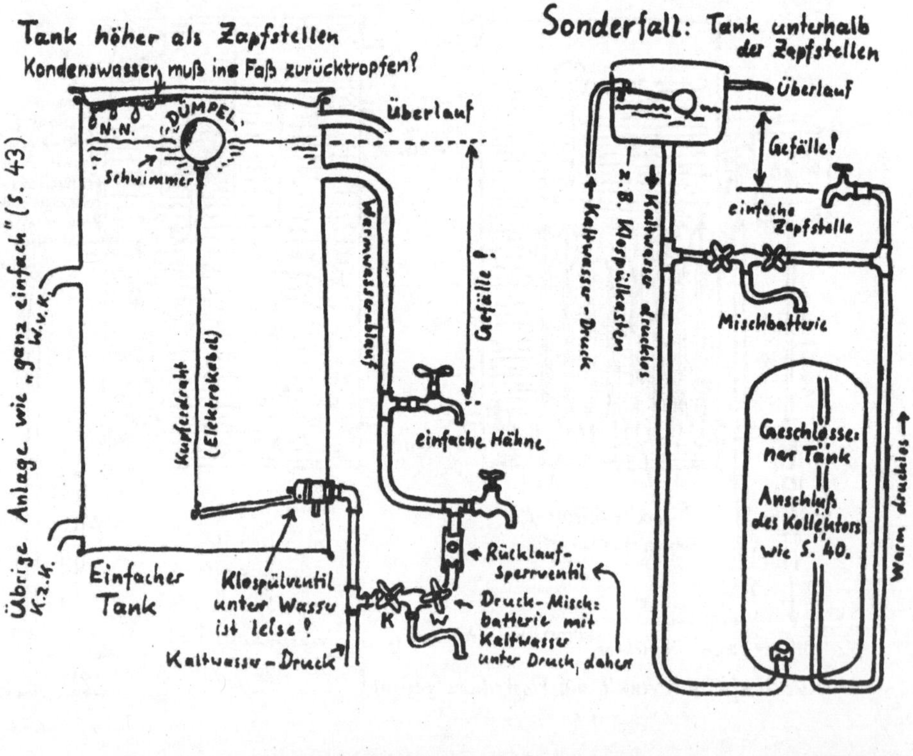

Winterfeste Anlagen (Zwei-Kreislauf-System)

Im Winter kann nachts der Kollektor und die Leitungen einfrieren, das Wasser muß vor den ersten starken Frösten raus. Oder Du bringst den Speicher garantiert frostsicher unter, baust einen Wärmetauscher ein, verbindest den mit dem Kollektor und füllst diesen Teil der Anlage mit Frostschutzmittelwasser. Das Brauchwasser im Speicher kommt dann nicht mit dem Kollektorwasser in Berührung, aber die Wärme überträgt sich.

Für Schwerkraftumlauf im Kollektorkreis gibt es gute Möglichkeiten:

Brauchwasser drucklos: In irgendein beliebiges Faß kommt ein Rippenheizkörper als Wärmetauscher. Ausdehnungsraum fürs Brauchwasser zweckmäßig im Faß, für den Kollektorkreis Extra- Ausdehnungsgefäß. Besonders günstig: Ausdehnungsgefäß ins Faß einbauen! Kein Wärmeverlust möglich, denn es heizt das Brauchwasser mit. Daher wird es in diesem Fall oben an die Warm-Leitung angeschlossen und ist zugleich Entlüftung. Statt des Heizkörpers können wir auch eine Spirale aus dickem Wasserrohr (mindestens übriger Leitungsquerschnitt) wickeln und im unteren Teil des Fasses einbauen.

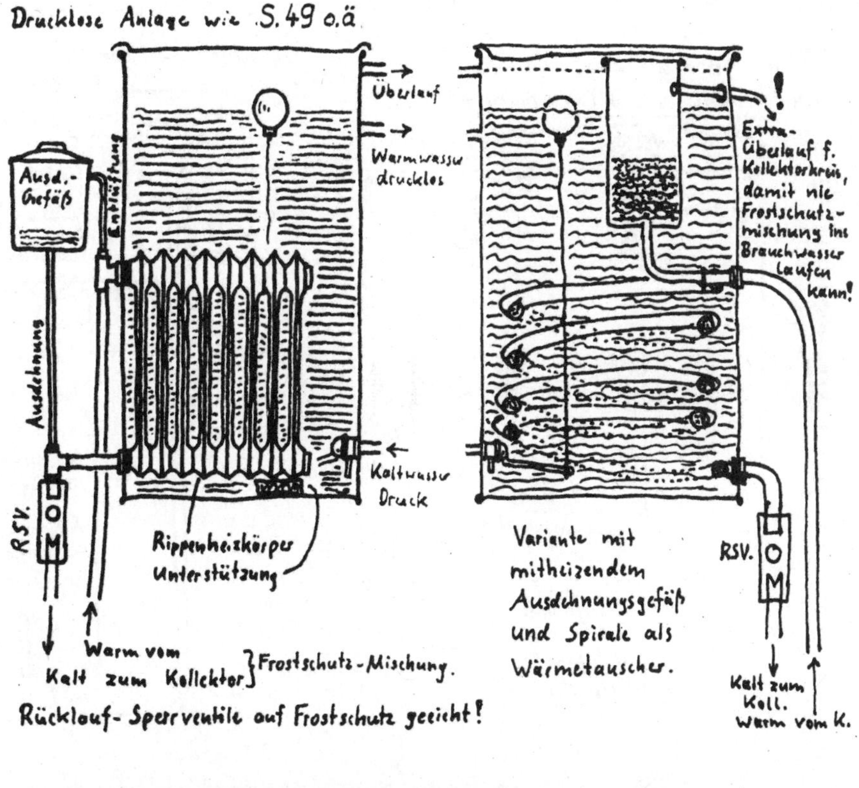

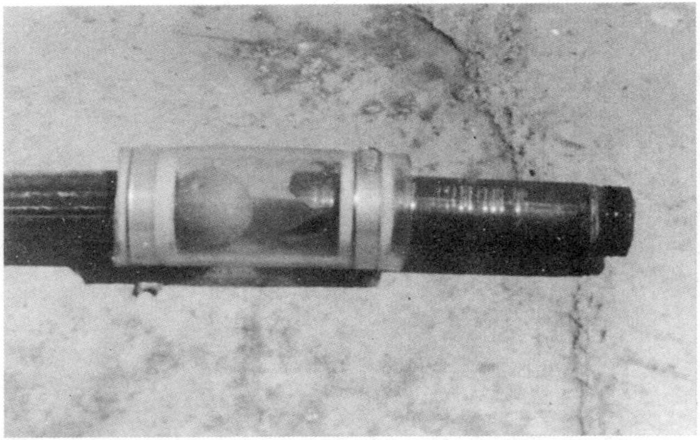

Rückzirkulations-Sperrventil mit austariertem Flummiball, glattgefeiltem und ausgezacktem Rohr wie S. 46.

Umwälzpumpe, hier in kochwasserfestes Plast-Abwasserrohr gebaut.
Oben Solarzellen, v.li.: Motor, Ausdehnungs-Stutzen, Saug-Stutzen, Schiffsschraube.

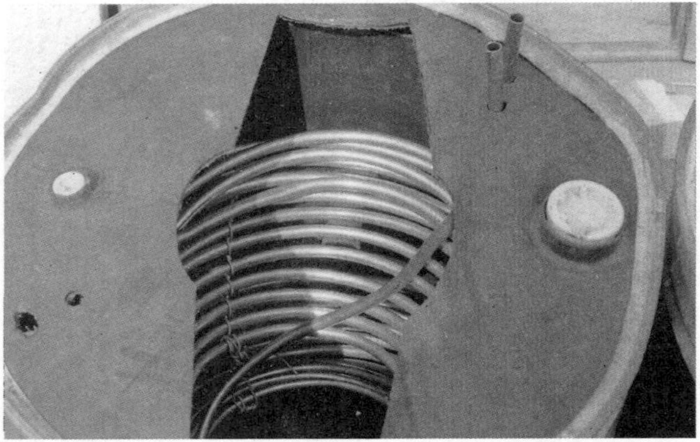

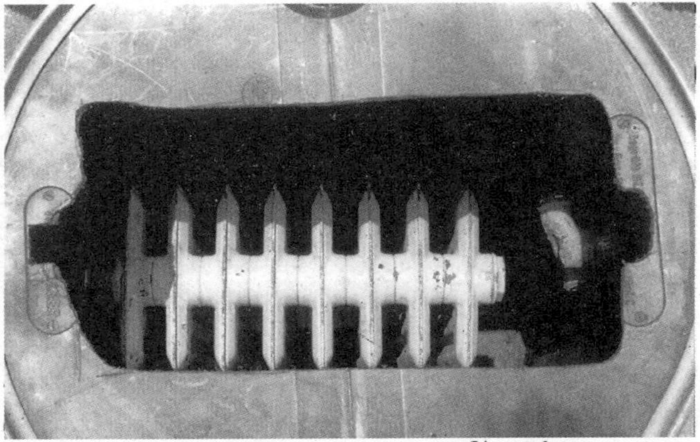

Für winterfeste Anlagen gut & einfach: Rippenheizkörper (möglichst Guß) oder Rohrspirale als Wärmetauscher in ein Plastikfaß gebaut.

Brauchwasser unter Druck

Erstmal überlegen, ob das Brauchwasser unter Druck stehen muß. Für drucklose Anlagen kann man beliebige Gefäße nehmen, für Druck muß man schon was spezielles suchen. Gut ist ein großer Druckkessel fürs Brauchwasser und ein kleines Volumen fürs Kollektorwasser, damit's nicht so viel teuren Frostschutz braucht. Aus Eisen gibt es viele gute Möglichkeiten dazu, Druckkessel aus Kupfer gibt's fast nie und sie sind irre teuer. Da müssen wir die Wärme in einem großen Volumen Kollektorwasser speichern und in einem kupfernen Wärmetauscher Brauchwasser erwärmen. Um viel teures Frostschutzmittel zu sparen, können wir mit zwei Wärmetauschern arbeiten, doch verschlechtert jeder Wärmetauscher den Wirkungsgrad ein bißchen.

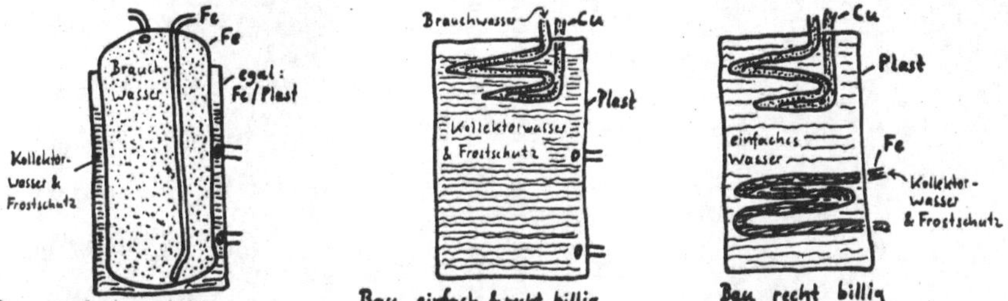

Bau einfach & billig
Funktion sehr gut
Füllung billig

Bau einfach & recht billig
Funktion brauchbar (Temp. schwankt mit Wasserentnahmemenge)
Füllung teuer (viel Frostschutz)

Bau recht billig
Funktion brauchbar (Wirkungsgrad!)
Füllung billig

Kaltwasserzuleitung aus Kupfer verbietet Eisenkessel. Plastikfaß fürs Kollektorwasser mit Frostschutz nehmen und eine Kupferrohrspirale oben ins Faß hängen, durch die à la Durchlauferhitzer das Brauchwasser geht. 3o m Cu-Rohr 12-15 mm Ø reichen dicke. Spirale scheibenförmig wickeln, nicht zylindrisch, nach dem Wickeln trichterförmig auseinanderziehen, damit das Rohr überall gut umspült wird. Notfalls zwei Spiralen übereinander einbauen. Spiralen mit Elektroleitungsdraht (Kupfer) zusammenflechten und in ihrer Lage fixieren, sie dürfen keinesfalls eiserne Anschlüsse des Kollektorkreises berühren. Das innere, herabhängende Ende der Spiralen ist stets der Kaltwassereingang.

Kaltwasserzuleitung aus Eisen erlaubt alle Kessel. Ideales Fertigteil: Doppelmantelkessel aus alten Heizungen. Wo diese nicht zu finden sind (scheinen zB. in der Schweiz selten zu sein) gibt's anderen Schrott:

- Nimm den Boilerkessel eines alten eisernen Elektroboilers und stelle ihn in ein Faß mit dem Kollektorwasser drin. Am besten, das Faß hat nur wenig größeren Durchmesser. Ausdehnungsraum fürs Kollektorwasser ist oben im Faß, Extra-Ausdehnungsgefäße unnütz. Fuge zwischen Faß und Boilerkessel so abdecken und zukitten, daß Dampf nicht rauskommt und Kondenswasser zurücktropft, sonst durchfeuchtet die Isolierung. Abdampf- und Überlaufrohr nicht vergessen! (Photos S.57)
- Nimm einen alten Druck-Badeofenkessel (in Süddeutschland sehr häufig) das Brauchwasser bleibt, wo es immer war, fürs Kollektorwasser nutze das Ofenrohr, das durch den Kessel geht. Verschließe es unten mit einer runden Eisenplatte (zB von altem E-Boiler) und 1-2 Lagen Autoschlauchgummi als Dichtung. Oben kommt auch 'ne Eisenplatte drauf, hier reicht

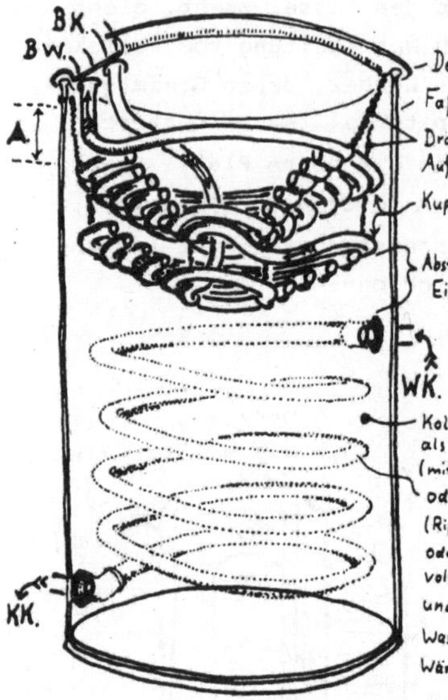

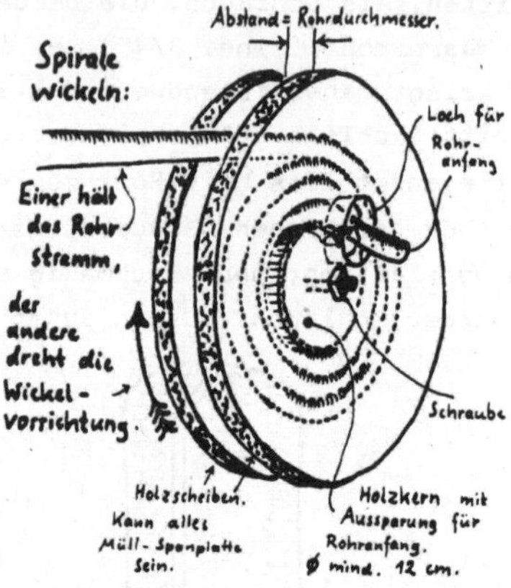

BK. = Brauchwasser Kalt Eingang
BW. = " Warm Ausgang
WK. = Warmwasser vom Kollektor
KK. = Kaltwasser zum "
A. = Ausdehnungsraum f. Speicherwasser.

Bauweise für Wasserzuleitung aus Kupfer

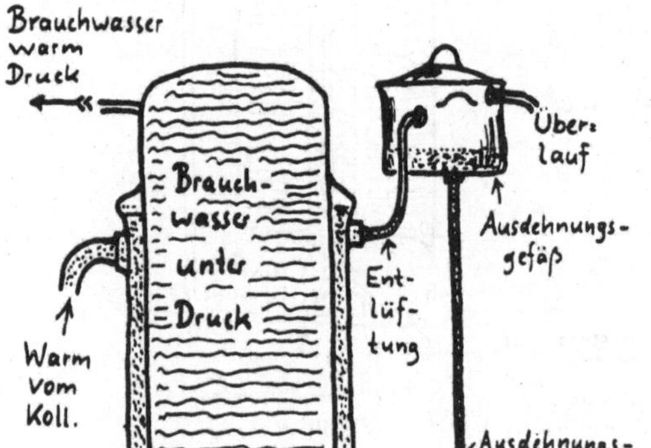

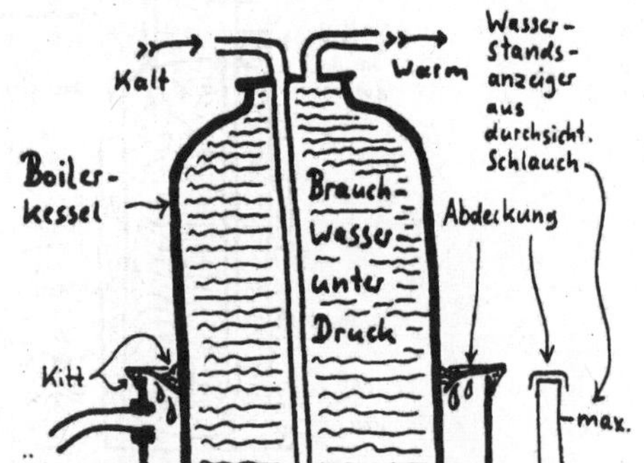

Doppelmantelkessel wie üblich

Doppelmantelkessel gebastelt

Zukitten. Als Schraube, die beide Platten an den Kessel zäeht, dient ein Wasserrohr (mind. 3/4"), es ist zugleich Warm-Leitung vom Kollektor und kriegt daher irgendwo auf 2/3 Höhe viele Löcher, deren Gesamtquerschnitt deutlich größer als der Rohrquerschnitt ist. An der unteren Platte endet das Kalt-Rohr zum Kollektor, an die obere Platte kommt ein Abdampfröhrchen. Ausdehnungsraum ist oben im Ofenrohr im Kessel. Ein Überlaufrohr und zweckmäßig auch ein Wasserstandsanzeiger (durchsichtiger Schlauch) müssen außen extra angeschlossen werden.

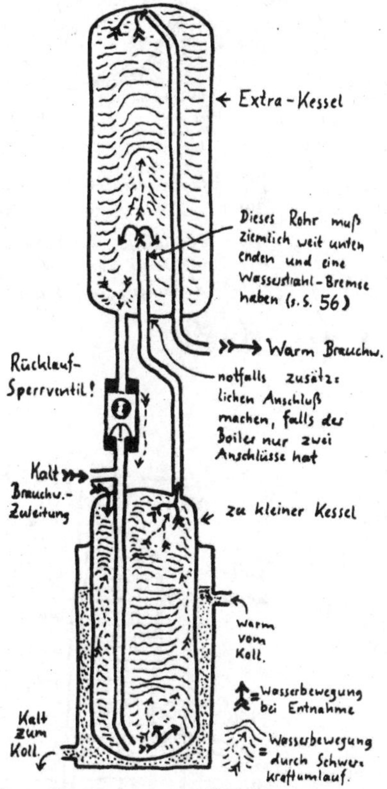

Trick für zu kleine Brauchwasserkessel

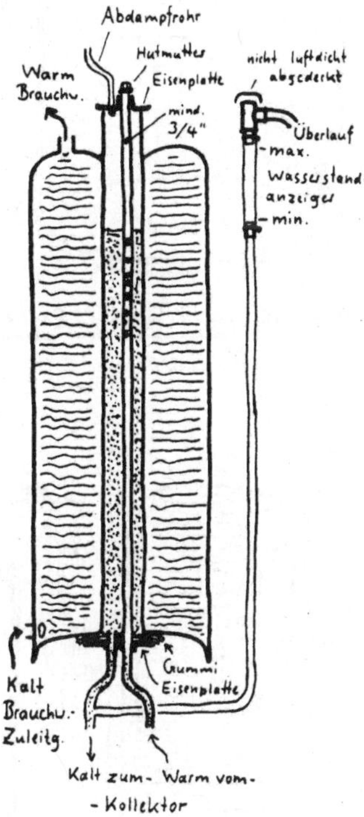

Boiler aus Badeofenkessel

<u>Brauchwasserkessel zu klein? Kein Problem!</u>

Darüber noch einen alten Boilerkessel montieren und in Schwerkraftumlauf beide verbinden. Das wärmste Wasser steigt in den oberen Kessel, das kalte sinkt in den unteren und wird da vom Kollektorwasser geheizt. Weiterer Vorteil: Wenn in einem Boiler unten kaltes Wasser ist und oben warmes, leiten die Boilerwände die Wärme, oben wird es langsam lauwarm. Hier ist das wärmste Wasser immer im Extrakessel und kann nicht auf diese Weise kalt werden. Wichtig: Rücklaufsperrventil in der Zirkulationsleitung, die die Boiler-Unterseiten verbindet! Sonst drückt bei Wasserverbrauch Kaltwasser direkt in den oberen Boiler!

Badeofenkessel umbauen: Oben drauf liegt das lange 3/4"-Rohr, in der Mitte einige Wasseraustrittslöcher sichtbar, links die obere Platte, rechts untere Platte und Gummidichtung.

Ansicht von unten nach dem Montieren. Ruß vorher gut abbürsten. An der Platte fest montiert Kalt-Rohr zum Kollektor (rechts) und Warm-Rohr = langes Rohr (links).

Wichtiges Detail: Bei allen Anschlüssen, wo Kaltwasser in den Kessel kommt, muß eine "Wasserstrahl-Bremse" her. Der Strahl würde den ganzen Kesselinhalt lauwarm machen, statt daß sich das kalte Wasser schön brav unten sammelt. Selbst bei den Original-Kaltwasseranschlüssen von Boilern fehlt oft eine Strahl-Bremse. Also basteln wir was. Beispiele:

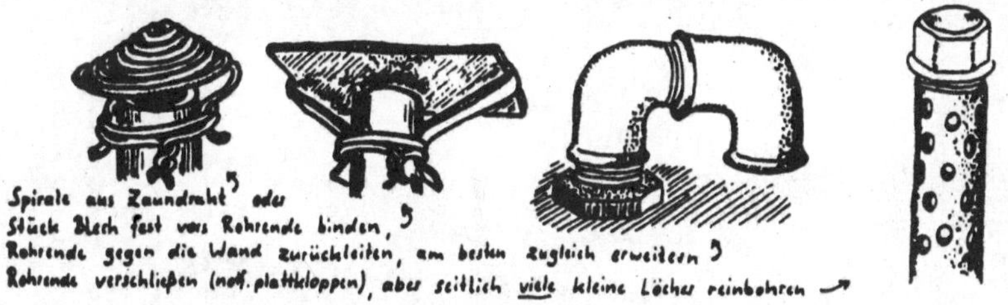

Ist der Platz knapp unterm Dach ?

Speicherkessel sollten hochkant stehen, damit warmes und kaltes Wasser sich gut übereinanderschichten und nicht mischen. Bei Dächern mit wenig Neigung ist für einen großen stehenden Kessel oft zu wenig Platz. Besser als ein großer liegender Kessel ist es, mehrere kleine Kessel nebeneinander zu montieren.

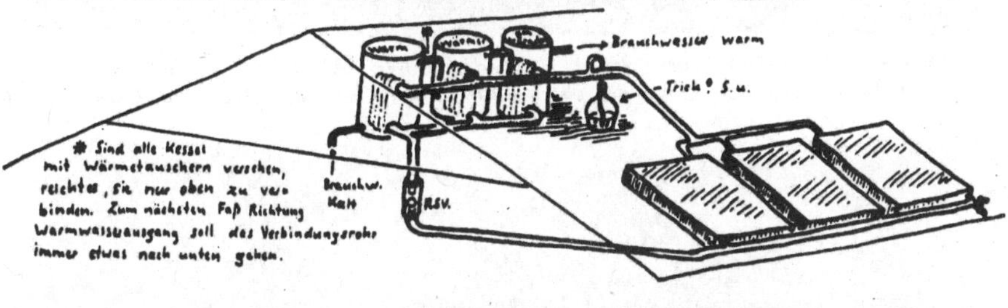

Kein Platz mehr fürs Ausdehnungsgefäß unterm Dachfirst ?

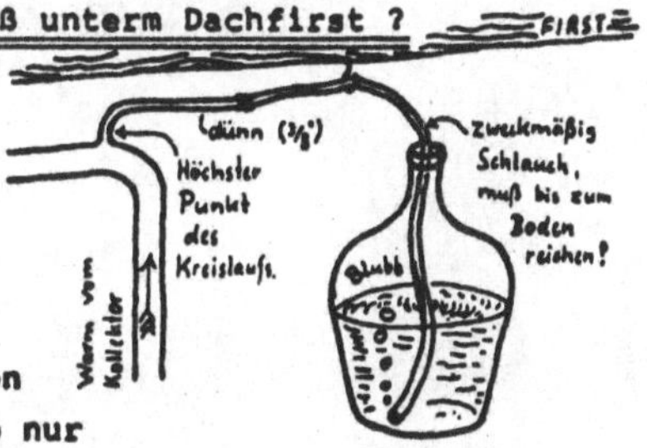

Ein Ausdehnungsgefäß kann auch über einen Saugheber angeschlossen werden, der zugleich Entlüfter ist. Dient eine große Flasche als Gefäß, sieht man sogar den Wasserstand. Da die Flasche tiefer als der höchste Punkt steht, gibt es kaum Zirkulation zwischen Kreislauf und Flasche, also nur wenig Verluste, obwohl das Gefäß an der Warmleitung angeschlossen ist.

Überdruck-Sicherheitsventil ?

Wenn die Kaltwasser-Zuleitung keine Rückflußsperre hat (s.S. 76), drückt das Wasser bei Ausdehnung in die Leitung zurück. Aber: Jemand könnte die Hähne in der Zuleitung zudrehen, und die Sonne heizt lustig weiter! Und: Bei sehr kleinem Speicher im Verhältnis zum Kollektor könnte das Wasser zum Kochen kommen. Erst recht bei elektrischen Frostwächtern, wenn mal der Thermostat versagt. Da muß unbedingt ein Sicherheitsventil an den Druckkessel, sonst könnte es mal ganz fürchterlich knallen !!!

Ein fertiger alter Doppelmantelkessel.
Wichtig: stabile Abstützung, wiegt mit Wasser 300 kg!

Selbstgebastelter Doppelmantelkessel aus E-Boilerkessel und halbiertem Blechfaß.

Flasche als Ausdehnungsgefäß

Drahtspirale als Wasserstrahl-Bremse

Der Schrottplatz - unser bestes „technisches Kaufhaus"!

Hier liegen die benötigten Teile in Mengen und spottbillig...

Hier kannst Du Dir eine Meßschablone abpausen (aus Pappe oder Dosenblech ausschneiden), mit der Du im Gewirr auf dem Schrottplatz leicht das richtige Rohr findest!

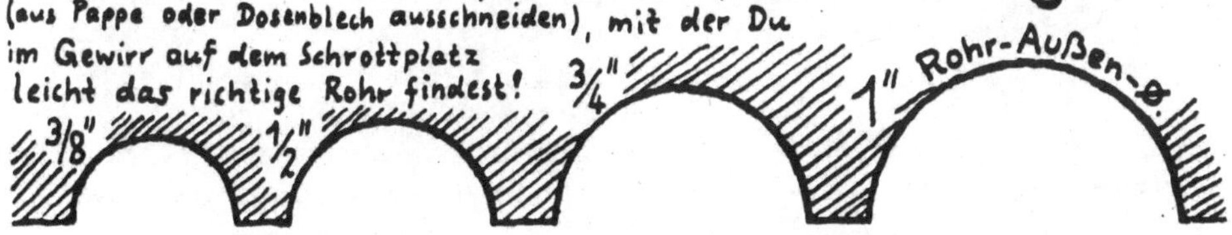

Bau-Tricks und Material-Quellen

Bedenke bei jedem Stück Material, das neu gekauftes mit viel Energieverschwendung und Umweltverschmutzung hergestellt wurde, besonders bei Plastik-, Metall-, Glassachen und Farben. Oder Leute mußten bei der Herstellung unter gesundheitsschädlicher oder stumpfsinniger Arbeit leiden. So könnte es passieren, daß Du indiekt mehr Schaden anrichtest, als das Bastelwerk nachher an Nutzen bringt.

Auf dem Müll und Schrott findest Du ebensogute, oft sogar besser verwendbare Teile, die kosten fast nichts und Du schützt die Umwelt, weil Du den Müllberg verkleinerst, wenn Du Altmaterial nimmst.

Nicht immer ist es leicht, die besten Teile zu erkennen oder den Trick herauszufinden, um sie verwendbar zu machen. Drum schreibe ich als Hilfe diese Liste.

Glas: Massenweise in Müllcontainern bei Renovierungen, Neukauf absolut unnötig. Alte Fenster passenden Formates sparen die Glaserarbeit, doch besonders die waagerechten Kittfugen werden leicht undicht. Abdichten: Fenster muß ganz trocken, sauber u. staubfrei sein, dann alle Kittfugen mit Bitumen-Schutzanstrich (flüssiger Teer) mehrmals satt einstreichen, verklebt feine Ritzen. Wo Wasser stehen bleiben kann, mit Mischung aus Teer und Sand (oder Bitumen-Spachtelmasse) auffüllen, daß künftig alles Wasser abfließt. Vorm Winter Fugen kontrollieren!

Glas aus Altfenstern ausbauen, schneiden, Glaserarbeiten: ausführlich in Einfälle statt Abfälle: "Doppelfenster".

Glasformate: Dünne Scheiben lassen mehr Licht durch und widerstehen Hitzespannungen besser. Kleine Formate sind sicherer bei Hagel und Unwettern und kriegen auch kaum Hitzespannungen.

Glasschneiden: Die wichtigsten Tricks: Scheibe auf glattes, festes, sauberes Brett legen, noch besser Tuch aufs Brett. Kitt- und Farbreste entfernen, Schnittstelle gut blankwischen. Latte als Lineal anlegen (zu zweit geht's leichter). Glasschneider (einfache Art mit Stahlrädchen) nur ein Mal mit kräftigem Druck auf die Scheibe am Lineal entlangziehen. Nicht über den Scheibenrand hinaus schneiden. Glasschneider ab und zu mit feinem Öl ölen. Scheibe läßt sich mit dem Schnitt über die Brettkante brechen.

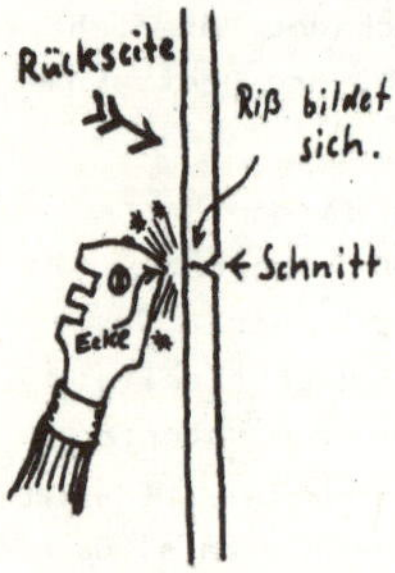

Nachhelfen bei riskanten Stellen: Auf der Rückseite gezielt am Schnitt entlang mit der Ecke des Glasschneiders klopfen. Schnitt wird sichtbar größer und bricht fast von selbst. Schnittkanten mit gutem Schleifpapier entschärfen. Übe zuerst ohne Lineal, dann mit, an Abfallstücken.

Kitt: Leinölkitt für größere Scheiben ungeeignet, wird hart, Scheibe kann bei Hitze nicht mehr arbeiten und springt. Besser: Gewächshauskitt (auf Bitumenbasis), Bit.-Spachtelmasse. Noch besser: Silikonkitt (aber Plastchemiegift). Nachträglich dichten: s.o. Am besten: Ohne Kitt verlegen, s.S 33/34.

Holzkitt: Hierfür geht umweltfreundlicher Leinölkitt (Fensterkitt), aus Schlämmkreide und Leinölfirnis auch selbst zu mischen, oder eine Mischung aus Sägemehl und Leinölfirnis.

Holz:

Gibt's auf jedem Müllhaufen, beim Öko-Holzfassadenbau auch Lärchenbretter. Nimm nur unlackierte Massivholzbretter! Spanplatte, Tischlerplatte, Sperrholz (auch angeblich wasserfestes) lösen sich meist bald auf und sind obendrein sehr giftig hergestellt. Nie kaufen! Fichtenbretter sind ausreichend dauerhaft, wenn sie stets gut wieder austrocknen können. Lärchenbretter sind -zig Jahre wetterfest, wenn sie ungehobelt bleiben und nicht gestrichen werden ("Lodenmantel-Effekt" der Fasern, Selbstschutz durch Harz). Nachteil: verziehen sich stärker, darum keine stark astigen Kanten als Glasauflage nehmen.

Holzschutz:

Lack, Farbe, Beschichtung aller Art an Kollektorkastenbrettern und -rückwänden schadet nur: sieht anfangs chic aus, aber durch feine Ritzen dringt doch Feuchte ein, kann nicht wieder raus, Holz fault von innen! Nur an direkt vom Regen getroffenen Stellen (Fensterholz bzw Deckleiste, oberes Kastenbrett) kann Anstrich nützlich sein, aber nur, wenn er stets ausgebessert wird und es kein Lack ist (reißt und blättert, Giftmüll). Brauchbar: Ölfarbe mit hellem Pigment (Biofarbhandel) oder Mischung aus Leinölfirnis und Lehmpulver oder Leinölfirnis und Teer. Konstruktiver Schutz (S. 31) ist allemal besser als Anstriche!

Holzverbindungen: Nageln und Schrauben. Außen am besten feuerverzinkte Nägel, Messingschrauben, notfalls in Leinölfirnis getauchte galvanisierte Eisenschrauben. Leim, auch angeblich wasserfester, ist unnütz und hält auf Dauer doch nicht, außerdem Giftmüll.

a)

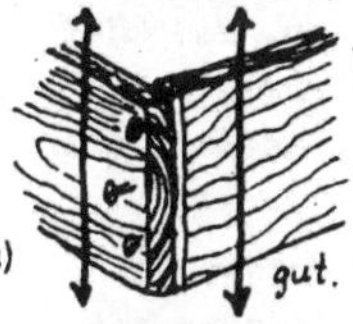

b)

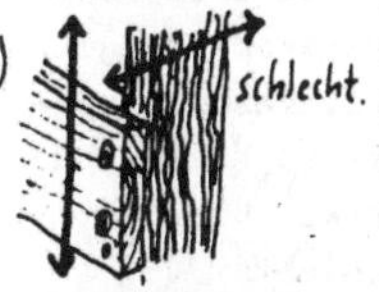

Holz quillt bei Nässe und schwindet beim Trocknen, aber nur quer zur Faser, Bretter werden also breiter und schmaler, ihre Länge bleibt gleich. Trocknet bei "b" das waagerechte Brett, kann es reißen. Kollektorwände wie "a" vernageln, Eckklötze auch mit liegender Faser! Bei der Rückwand schadet "b" nicht, wenn sie trocken bleibt, sicherer: nur 1 Nagel pro Brett-Ende.

Flachheizkörper:

Mit etwas Geduld massig auf dem Schrott zu finden, Schrottpreis ca. 5 - 1o DM/m^2. Rostig ja, durchgerostet nein, prüfe verdächtige Stellen mit Schlägen mit der Hammerspitze. Falls hinterlüftetes Wellblech auf Rückseite: Alle Wellen und Lücken mit Isolierung (zB Papier) zustopfen!

schwarze Farbe:

Schnellbastelwerke einfach anrußen oder mit schwarzer Abtönfarbe streichen (nur auf vorhandene Farbe oder getrocknete Firnis, da nicht rostschützend). Oder Lack mattschwarz hitzefest auch direkt aufs Eisen. Chemiefrei und etwas selektiv wirkend: Mit Leinölfirnis streichen (rostschützend, auch direkt aufs Eisen), trocknen lassen bis fast nicht mehr klebend, dann flächendeckend, aber so dünn wie möglich anrußen! Noch besser: schwarze Plakafarbe (rostschützender Lack oder Firnis drunter, s. Abtönfarbe). Am besten: Spezial-Selektivfarbe für Absorber. Wichtig: Dicke Farbschichten schlucken viel Leistung! Evtl alte Farbe entfernen oder Heizkörper-Rückseite als Vorderseite nehmen, falls diese nur rostschutzgrundiert oder dünn lackiert ist. Schattenseite mit Farbresten streichen (von Schadstoffsammelstelle).

Isolierung: Nie kaufen, isolierende Abfälle gibt es überall: außer üblichen Isoliermaterialien Knüllpapier, Lumpen, Holzwolle, Stroh usw. Extra öko, Super-Isolierkraft: Rohe Schafwolle direkt vom Schäfer, spottbillig, da keine Abnehmer, wird meist untergepflügt... Im Kollektor wegen Hitze keine Mottengefahr. Leicht faulendes Material (zB Heu) nur verwenden, wo es nicht feucht wird. Sehr luftdurchlässiges Material (zB Stroh, Holzwolle) beidseitig winddicht einpacken, sonst schwächt Luftzirkulation durch die Isolierung die Wirkung sehr.

Isol. am : -

- Kollektor: Muß am Absorber anliegen, also weich, und hitzefest sein (kein Styropor). Ideal: Wolle, Lumpen. Gut: Knüllpapier + Wellpappe. Brauchbar: Glaswolle u.ä. (Staub?), mit dichter Abdeckung (Papier mit Tuch drüber)geht alles (außer Styropor u.ä.), auch Krümelkram wie Holzspäne, "Isofloc"-Abfälle (Ökobaustellen).

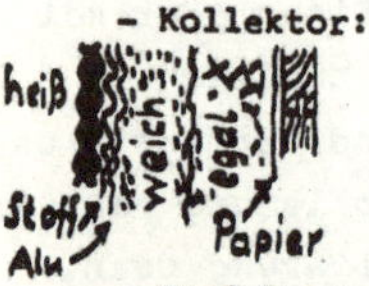

- Speicher: Erste Schicht muß anliegen. Material beliebig, in bewohnten Räumen aber Vorsicht mit staubender Glaswolle oder ausdünstenden Kunststoffen. Am einfachsten baue einen Bretterverschlag um den Speicher und stopfe den Hohlraum voll.

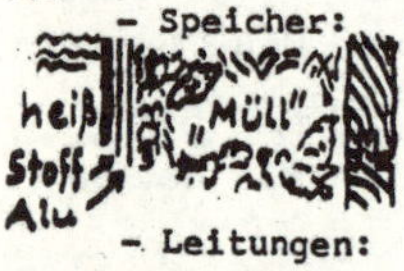

- Leitungen: im Trockenen: Mit Packung aus Holzwolle mit Wellpappe drum oder Lumpen o.ä. umwickeln, ruhig einige cm dick.
regnen naß: Ebenso isolieren und zusätzlich zB. Abwasser- oder Ofenrohre als Schutz drüberschieben. Bohre an der Unterseite ein paar kleine Löcher, damit vielleicht doch eindringendes Wasser wieder raus kommt. Abfälle von "Armaflex"-Isolierschlauch, nicht saugfähiger Schaumstoff, ist am Schrott von neueren Heizungsanlagen zu finden.
unterirdisch: vermeiden, sehr schwierig wegen Feuchtigkeit, einzig brauchbare Lösung Armaflex und Schutzrohr.

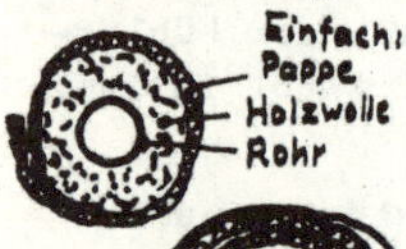

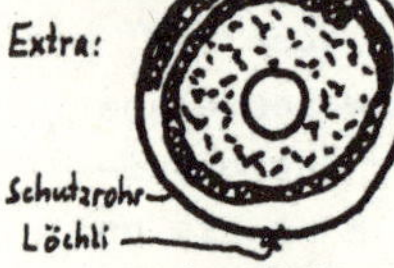

- Auskleidung in Kisten usw (Pottkollektor): Beliebiges Material ohne Ritzen, durch die Luft kommt, als Deckschicht zB. Wellpappe. Bei großer Hitze (Sonnenkocher) nur hitzefestes Material, kein Styropor o.ä.

Alufolie: Nützlich zB an Absorber, Speicher, Warm-vom-Kollektor-Leitung. Reflektiert die Wärmestrahlung, verbessert die Isolierung aber nur dann gut, wenn sie nicht ans heiße Bauteil angedrückt wird und selbst heiß wird, daher immer eine Zwischenlage Stoff, Wellpappe o.ä. Nicht sinnlos verwenden, Kauf vermeiden, Herstellung sehr umweltschädlich und atomstromfressend! Zu finden zB in Baustellenmüll, Backofen- und Heizkesselisolierungen. Mit Alu bedampftes Papier, zB an Bau-Glaswolle, ist öko-er und gleich wirksam wie Alufolie, aber zerfällt bei Feuchte!

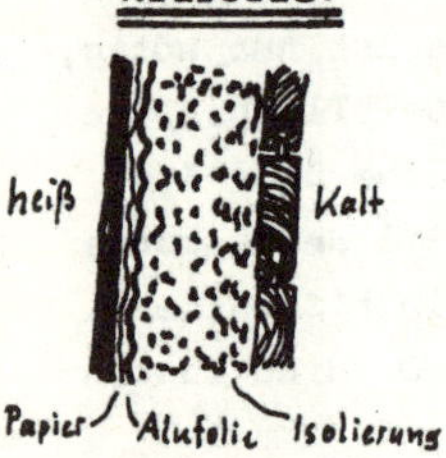

Speicher: Drucklos: Alle möglichen Formen und Größen auf dem Müll, Schrott und Abbruch. Müssen wasser- und hitzefest, sollen höher als breit sein. (Wärmeschichtung, s. auch S. 44)

- Metall: Bei Metallgefäßen beachten: Die Anschlußstücke, die Du anbaust, müssen aus dem gleichen Metall sein wie das Faß, also Eisenfaß - Eisenrohr, Kupferfaß - Kupferrohr, sonst gammelt das unedlere Metall auf die Dauer weg. Zwei verschiedene Metalle in nicht ganz reinem Wasser wirken wie

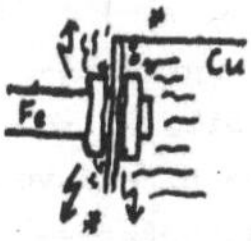

eine Batterie, der Strom verursacht chemische Vorgänge, die das unedlere Metall zerfressen. Notlösung: Schutzanode (Magnesiumstab, am unedelsten) einbauen, gammelt zuerst weg. Regelmäßig ersetzen, denn danach ist Zink/Eisen dran...

- Plastik: Plastikfässer vertragen sich mit allen Metallen, so lange die Metalle selbst sich nicht berühren. Prüfe sie aber auf Hitzefestigkeit, peinlich wär's, wenn sie vom Heißwasser weich werden...

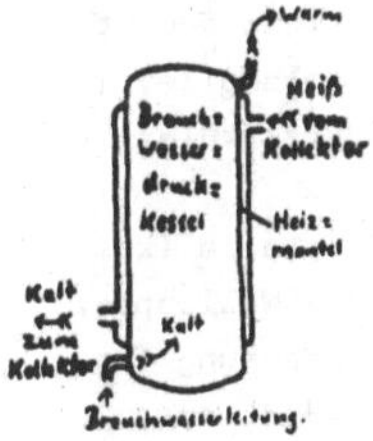

Edelstahl und Messing vertragen sich mit Eisen oder mit Kupfer, jedoch nicht mit Eisen und Kupfer zugleich. Offene Gefäße decke ab, damit nicht dauernd Verdunstungswasser entweicht, Dreck reinfällt, die Isolierung naß wird.

- Edelschrott: Alte Elektroboiler haben gleich eine Isolierung dran, Rohranschlüsse und Befestigungen zum an die Wand basteln.

Druckspeicher: Für Winterbetrieb gut und sehr billig: Doppelmantelkessel aus alten Zentralheizungen, Schrottpreis ca. 40 €.

<u>Frostschutzmittel:</u> Leider Neukauf, Glyzerin im Großhandel oder Kühlerfrostschutz. Notlösung: Kollektorkreis mit Altöl füllen.

<u>Schläuche:</u> Für drucklose Leitungen eignet sich billiger Schlauch. Gummischläuche sind recht hitzefest, werden aber von Sonnenstrahlung schnell brüchig, nur mit Gewebeeinlage dauerhaft. Waschmaschinenlaugenschlauch nur für provisorische Anlagen, altert an der Sonne sehr schnell, und die Waschmittelreste sind schwer rauszukriegen.

Plastik-Gartenschlauch wird an der Sonne nicht spröde, aber bei Hitze weich. Das macht nichts, solange wir sie so verlegen, daß sie sich nicht durch ihr Eigengewicht an einer Kante eindrücken oder knicken, sonst geht plötzlich kein Wasser mehr durch. Gewebeeinlage ist nur nötig, wenn das Wasser in der Anlage ein großes Gefälle hat und dadurch ein gewisser Druck entsteht, zB. Höhe über 5 m. Wenn Du keinen Schlauch auf dem Sperrmüll findest, kaufe den allerbilligsten (meist schwarz mit gelben Streifen). Für die Kaltwasser-Druck-Zuleitung kannst Du druckfesten Gartenschlauch mit Gewebeeinlage nehmen.

- Lecks: Was drumkleben nützt nichts, Stelle rausschneiden und Rohr - Rest dazwischensetzen.

- Trick: Mit Schläuchen kannst Du ohne weiteres zB. einen eisernen Flachheizkörper an einen Kupferboiler schließen, die Metalle berühren sich dann ja nicht und sind auch nicht stromleitend miteinander verbunden.

Schlauchschellen: Gibt's massenhaft in alten Waschmaschinen. Für drucklose Schläuche geht auch Draht, 2x rumwickeln, zudrehen.

* Selbst <u>Kupferspäne</u>, die in Eisenteilen liegenbleiben, verursachen <u>Lochfraß</u>! Also ja aufpassen!!!

Rohre: Für alle drucklosen und Druckleitungen geeignet, aber verbinde nur gleiche Metalle (s. Speicher), außer wenn zwischen den Metallen lange Schlauchstücke sind. Eiserne Wasserrohre gibt's massenhaft und spottbillig auf Schrottplätzen, die Verbindungsteile (Fittings) wie Bögen, T-Stücke usw. erst recht, ebenso in Abbruchhäusern und Renovierungsmüll. Kupferrohre sind selbst auf dem Schrott teuer und mit ausreichendem Querschnitt selten.

Rohrinstallations- und Anschluß- Tricks.

Rohrschrauben Eisenrohre sind mit Fittings zusammengeschraubt und mit Hanf und Kitt oder Dichtband abgedichtet.

Auseinander: Du kannst oft die Rohre selbst als Hebel benutzen. Sonst brauchst Du eine kräftige Rohrzange (notfalls ausleihen).

Vergammelt? Kräftige Hammerschläge ringsrum auf den Fittingrand lokkern die Verbindung sofort, Carambachemostink ist unnütz.

Kontrolliere die Teile auf Rost- und Dreckablagerungen innen, wenn nötig mit Hammerschlägen von außen ausklopfen. Interessant ist, daß sich die Ablagerungen meistens spiralig und fast nie gerade im Rohr bilden- das Wasser strömt nicht gerade. Achtung ! Es gibt bei älterem Schrott oft Rohre, die nur aus einem Blechstreifen gebogen und, wenn überhaupt, noch durch die Verzinkung abgedichtet sind. Die werden bei Belastung leicht undicht, vor allem beim Biegen. Auffällig durch die Rille, die beim Anfeilen bleibt. Die stabileren geschweißten Rohre haben dagegen keine Rille und meistens innen einen Wulst auf der Naht.

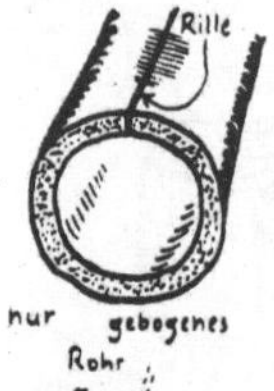

Zusammen: Das Verschrauben mit Hanf ist gut und altbewährt, es bleibt auch dicht, wenn man nach dem Festschrauben ein Stück wieder zurückdrehen muß - der eingequetschte Hanf quillt auf, sobald Wasser hindurch will, sogar eine zuerst nicht völlig dichte Verbindung schließt sich bald. Plastik-Dichtband ist modern, quillt aber nicht. Wenn kein Hanf da ist, ist selbstgemachtes Dichtband ein guter Ersatz.

Montiertrick: Vermeide die Rohrzange, wo es nur geht, denn sie hinterläßt häßliche, rostanfällige und scharfkantige Spuren im Rohr. Oft dient das nächste Stück als Hebel fürs Schrauben der vorigen Verbindungen: Gut überlegen spart viel Mühe.

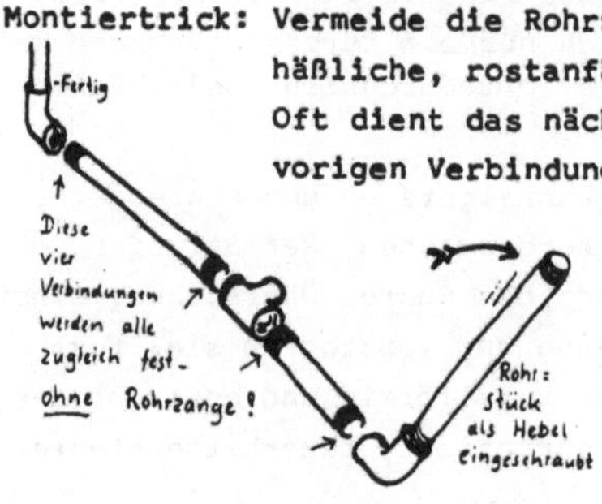

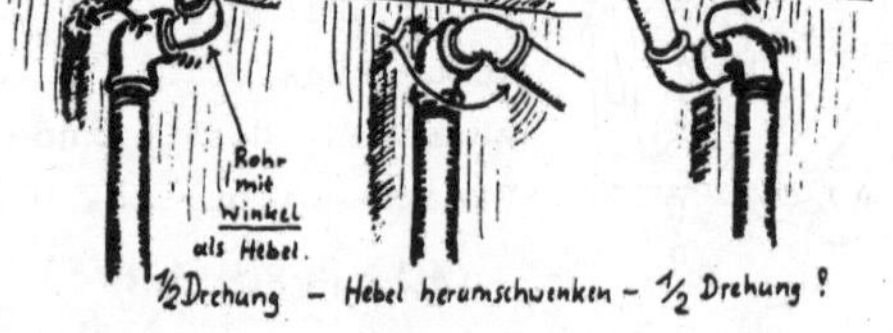

Meist ist 'ne Wand im Weg. Da läßt sich's mit einem zweiten Winkel am Hebel prima halbe-drehungs-weise schrauben.

Hanf & Kitt: Nimm wenig Hanf. Zu viel Hanf wird als Wulst vorm Fitting hergeschoben anstatt eingequetscht. Wickele die Fasern in Festschraube-Richtung (Rechtsgewinde,Uhrzeigersinn) stramm ums Gewinde und wickele ja den Anfang der Fasern zu. Paß auf, daß keine Fasern über die Rohröffnung fusseln, die Reste verstopfen das Rohr. Jetzt den Hanf mit Kitt einstreichen und den Rest vom Finger am Gewinde im Fitting abwischen. Zusammenschrauben. Nach einigen Windungen muß es schwer gehen, sonst war's zu wenig Hanf.

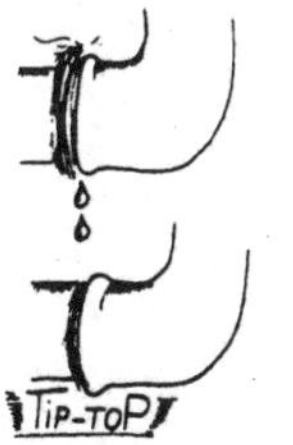

Gewinde glatt - an manchen Teilen, oft an Messingteilen, ist das Gewinde so glatt, daß der Hanf rutscht und nicht eingequetscht wird. Mit grober Feile paar Kratzer reinfeilen.

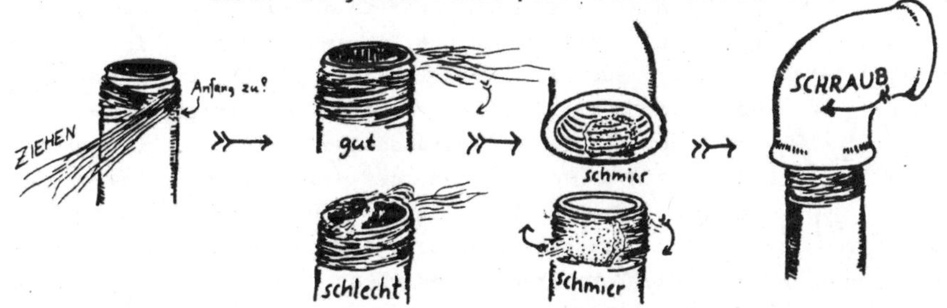

Kitt: Hanf alleine macht zwar dicht, aber die Verbindung rostet sehr bald ein und das Schrauben geht schwer. Darum Kitt, die Verbindung bleibt lösbar und das Schrauben geht wie geschmiert. Kitt kaufen ist Quatsch: Für höchste Trinkwasseransprüche mischen wir Kitt aus 1 Teil Vaseline und 1-2 Teilen Kreide-, Lehm- oder Tonpulver. Statt Vaseline tut's auch Olivenöl oder reines Kokosfett.

Für Nicht-Trinkwasser reicht das Grundrezept "Öl & Pulver", aus was wir den Matsch kneten, ist fast egal. Besonders gut ist mit Firnis verdünnter Fensterkitt (Firnis & Kreide).

Dichtband: Nicht kaufen, schneide alte Plastiktüten in Streifen. Manches Plastik dehnt sich nur ein kurzes Stück und reißt dann, gut dehnbare, dünne (oft durchsichtige) Abfälle sind ganz prima!

Wickele den Streifen im Uhrzeigersinn ums Rohrende, sonst wird er vor dem Fitting hergeschoben. Der Streifen soll nicht über das Gewindeende des Rohres überstehen, sonst kommen Reste in die Leitung und verstopfen sie. Fest zudrehen, das Gewinde ist kegelförmig und quetscht das Plastik dicht ein. Hält garantiert, dauerhitzegetestet !

(Abb. nächste Seite!)

Gewinde: Suche möglichst in der Länge passende Stücke, sonst mußt Du sie auf Länge sägen und mit Schlauchstückchen verbinden oder Gewinde schneiden. Nur wenige Klempner verleihen ihren Gewindeschneider (sehr teuer). Vorm Schneiden unbedingt Sand und Dreck vom Rohr entfernen, beim Schneiden Öl zugeben, sonst wird der Schneider stumpf!!

__Spezialteile:__ Brauchst Du mal besondere Teile, die es nicht als Fitting gibt, biege doch einfach ein Rohr! Am besten mit aufgesteckten dickeren Rohren und über ein Stück weiches Holz. So vermeidest Du unnötige Winkel, denn jeder Winkel behindert die Strömung, ein Bogen kaum. Erhitzen, Sandfüllung etc.pp. völlig unnötig!

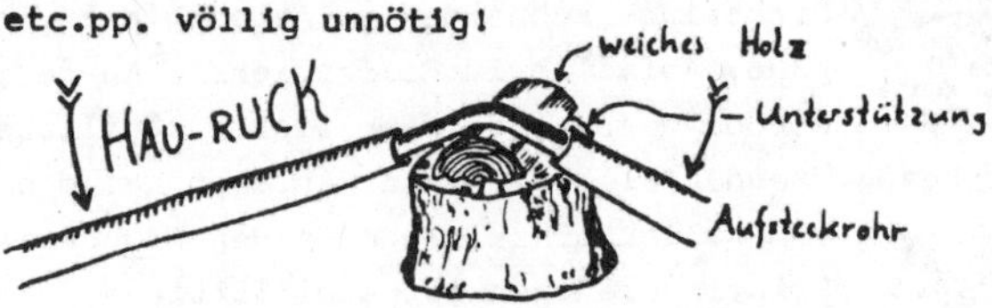

Spiralen: Sogar Spiralen (für Wärmetauscher) können wir aus eisernem Wasserrohr biegen, Radien von 15 cm für 1/2", 2o cm für 3/4" und 3o cm für 1" erreichen wir leicht, ohne daß das Rohr platt wird. Das Biegen ist eine Kraftaktion. Wir nehmen lange Rohrstücke und wickeln sie zu zweit unter kräftigen Ziehen um einen gut verankerten passenden Klotz (zB Hauklotz, der muß aber rund sein, sonst knickt das Rohr über den Ecken!, zB leere alte Gasflasche oder Boilerkessel)

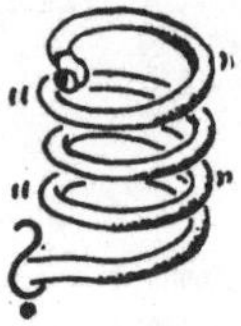

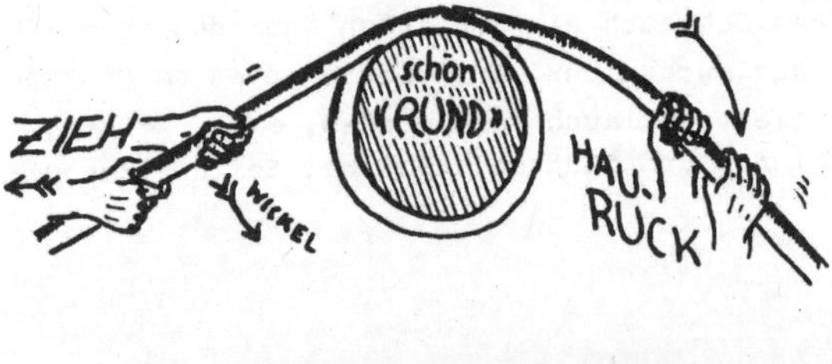

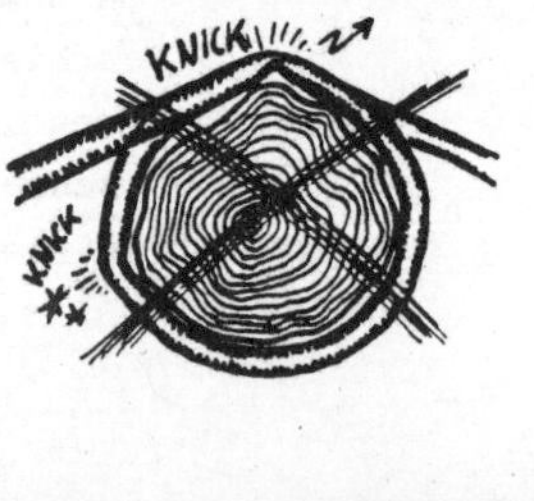

Löten:

Kupferrohre und -fittings sind mit Lötlampe und Zinn zu verlöten. Kurze Hinweise dazu:
Schmirgele die Oberflächen zuerst gründlich blank und streiche mit Lötfett ein. Zusammenstecken, erwärmen. Lötzinn erst dann zugeben, wenn er am Rohr, nicht von der Flamme, schmilzt, dabei Flamme weg. Dann erwärme so lange, bis das Zinn tief in die Fuge hineingeflossen und ringsherum sichtbar ist, wenn nötig nochmal Flamme weg, Zinn dazu und erwärmen. Beim Abkühlen bewege die Rohre nicht, bevor das Zinn wirklich erstarrt ist.

Rohranschlüsse an Gefäßen:

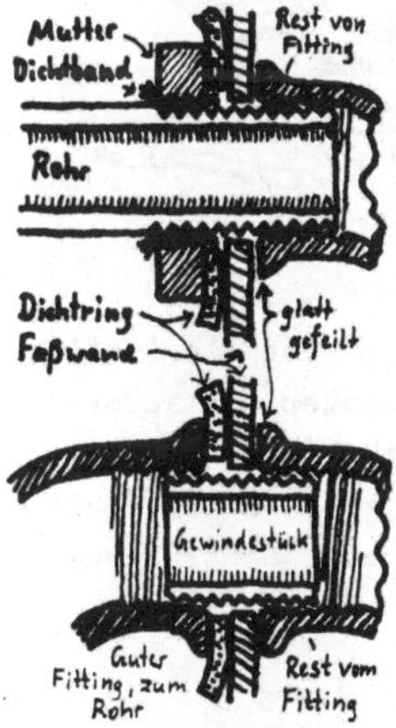

Eisenrohr an Eisen-, Plastik- oder Edelstahlgefäß: Bohre und feile ein stramm zum Rohr passendes Loch. Entweder Du nimmst ein Rohr mit ausreichend Gewinde am Ende, schraubst eine Mutter mit Dichtband drauf, steckst den Dichtungsring aufs Rohrende, das Ganze durchs Loch und drehst von der anderen Seite eine zweite Mutter gegen. Statt der zweiten Mutter geht auch ein unbrauchbar gewordener Fitting, der wenigstens noch ein heiles Gewinde hat. Die Fläche, die gegen die Faßwand drückt, feile gut glatt. Oder Du nimmst zwei Fittings und ein kurzes Gewindestück als Verbindung. Dichtband unnötig, nur Dichtring zwischen außen liegendem Fitting und Faßwand. In den außenliegenden Fitting schraube das Rohr ganz normal mit Dichtband. Dichtringe schneide aus Autoschlauch, besser LKW-Felgenband, Abfall beim Reifendienst. An der Sonne kann Gummi spröde werden, da nimm lieber käufliche Dichtpappe "Abil".

Rohrdurchgang:

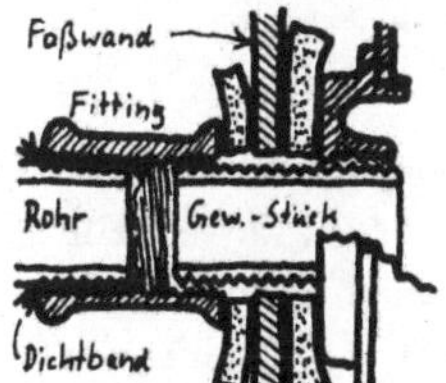

Sonderfall bei Winter-Anlagen, um den Rippenheizkörper vom Kollektorkreislauf in den Brauchwassertank zu setzen. Prinzip wie oben mit zwei Fittings, wobei der Heizkörperanschluß selbst den inneren Fitting darstellt. Dichtring auch innen an der Faßwand nötig, sonst kommt Kollektorwasser ins Brauchwasser.

Schlauchanschlüsse: brauchst Du nicht kaufen, ein Rohrstummel befestigt wie oben tut dasselbe. An Flachheizkörpern: Paßt das Gewinde am Flachheizkörper nur für zu dünnes Rohr (zB. 3/8") schiebe den Schlauch einfach außen über den Anschluß.

- Trick: Wenn der Schlauch nicht rauf will, Kanten am Stutzen schräg feilen, Schlauch warm machen, evtl. weiten, Schlauch innen und Stutzen außen mit Seife einschmieren.

Zum Umgang mit PLASTIC®-teilen beim Sonnenkollektorebau

Manchmal ist es praktisch, Plaste für Wassertanks o.ä. zu nehmen:
+ rosten nicht, vertragen sich mit allen Metallen chemisch
+ meist elastisch, platzen nicht gleich, wenn Wasser drin einfriert
+ leicht zu schneiden, bohren, biegen usw.
+ oft gratis vom Müll (Plastikfaß), oder, wenn Kaufen eines Teiles unvermeidlich, meist billiger und in der Herstellung öko-er als das Teil gleicher Funktion aus Metall (zB Gartenschlauch statt Rohr)

Aber Plaste haben viele Nachteile, die manchmal erst mit der Zeit zu ungeahnten Pannen führen können:
- werden bei Hitze weich, verformen sich (sog. "Kriechen des Plasts")
- manche quellen bei ständigem Gebrauch im Wasser
- vertragen sich nicht immer mit allen Frostschutzmitteln
- Heißwasser löst Weichmacher aus PVC (wird spröde, Wasser stinkt)
- Sonnenlicht macht viele Plaste (Eimer, Fässer) spröde und brüchig
- Jsolierschaum (Armaflex) und PVC-Schlauch nicht sonnenlichtbeständig
- Verbindungen zu Metallteilen sind Schwachstellen
- Thermoplaste lassen sich nicht oder schlecht kleben.

außerdem: wer plastet, belastet die Umwelt! Metallteile vom Schrott sind allemal besser als Plast, das bei der Herstellung und, wenn's kaputt ist (kaum wiederverwertbar) viel giftigen Müll abgibt!!!

Ein paar Tips helfen, Pannen vorzubeugen: Materialien an sich:

Thermoplaste nie verwenden für jegliche Leitungen oder Behälter, die unter Druck stehen und warm werden, Teil bläht sich auf und platzt!
Polyäthylen (PE) und -propylen (PP): Thermoplast, oft trinkwasserecht, nicht immer lichtbeständig (wird brüchig), meist genügend hitzefest.
PVC (Vinyl, Nylon, Polyvinylchlorid): Thermoplast, nur durch Weichmacher elastisch, weder trinkwasser- noch lichtecht!
Polystyrol (PS): Thermoplast, ungeeignet, sehr wärmeempfindlich!
Plexiglas (PMMA, Acryl): ungeeignet, sehr heißwasserempfindlich!
PU-Schaum (Polyurethan) vom Fenstereinbau: sehr lichtempfindlich, wird an der Sonne erst braun, zerfällt dann bald zu Bröselkram!
Viele Schaumstoff-Isolierschläuche (aber nicht alle, zB hält ein alter Armaflexschlauch vom Schrott seit 1o Jahren) sind nicht lichtecht. Im Zweifelsfall mit Wandfarbe anpinseln oder mit was lichtechtem umwickeln.
Epoxidharz-Klebstoffe (Uhuplus, Stabilit ,...) im Wasser unbrauchbar: nach einem Jahr ist er wie Kaugummi, nach 2 Jahren ganz weggegammelt!
Glasfaser-Kunststoff (Epoxi oder Polyester): nur spezielle Harze sind wirklich dauer-wasserfest und müssen dann noch speziell beschichtet werden. Wahnsinn, sich daraus z.B. einen Tank zu bauen: Verbrauch an energiefressend hergestellter Gift-Chemie, und oft nichtmal dauerhaft!
Silikon-Dichtmasse: unbrauchbar, hält zwar gut an Glas, löst sich aber blitzschnell von Holz sowie allen Thermoplasten und Metallen. Gut ist Einkomponenten-Polyurethan-Dichtmasse (zB Sikaflex), Teile müssen sorgfältig vorbehandelt werden (aufwendig, teuer, Gift-Chemie!).
Frostschutz und Plast: Mit Äthylenglykol im PP-Tank bisher keine bösen Überraschungen. Andere Kombinationen: Lieber Plast-Fachleute fragen!

Wassertank u. ä. Behälter:

Ordinäre Plastfässer (Polypropylen) werden vom Heißwasser drin manchmal so weich, daß sie sich vom Gewicht des Wassers aufblähen wie ein Sack. Belasten jetzt noch irgendwelche Teile (Rohranschlüsse, eingebaute Wärmetauscher) das Faß, gibt es leicht Lecks. Abhilfe:

- Faß von außen verstärken (Bandagen aus Stoffresten, mit Lackfarbresten getränkt und verklebt, starke Schnur, Bretter drum o.ä.)
- unbedingt passenden Deckel, der den Faßrand abstützt/umgreift, drauftun, lose abgedeckte Fässer werden leicht oben eierig→Risse!
- Rohranschlüsse großflächig befestigen (mögl. mit Flansch, s. Abb.), nach Zeichn.S.66 nur bei dickwandigen Fässern und ohne Belastung!
- Rohr- und Schlauchanschlüsse stets sorgfältig entlasten, nie darf das Gewicht der Leitung daran zerren, gibt garantiert Lecks!
- Plast-Muttern bei Rohranschlüssen o.ä. vermeiden, sind uns schon mehrmals aufgeplatzt! Notfalls gleich vorsorglich Draht drum!
- evtl vorhandene Plast-Gewindestutzen am Faß nur mit höchster Vorsicht als Rohranschluß verwenden, Gewinde überdreht leicht, noch leichter platzt der Stutzen, wenn er heiß ist. Draht drum!
- Sicherheit: ein "Schwimmbecken" aus guter Plastfolie und Brettern, das den Tankinhalt auffängt, wenn der leck wird, vor allem, wenn Frostschutzmittel drin ist (hinterläßt sonst üble Verschmutzungen!)
- Wärmetauscher u.ä. Einbauten dürfen nie mit einer Kante auf den Faßboden drücken! Großflächig abstützen! Faßboden von unten stützen!
- Faßboden darf nie "in der Luft hängen" (bei Fässern mit Rand!)
- Plastikeimer reißen bald, wenn sie nur am Griff hängen. Am Boden unterstützt aufhängen mit "Hängeboden" s. Zeichnung!

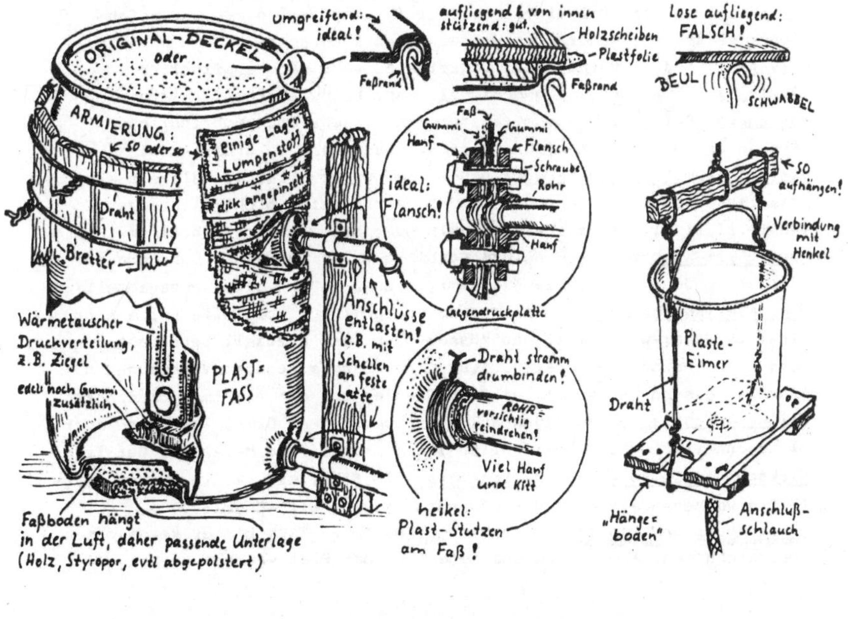

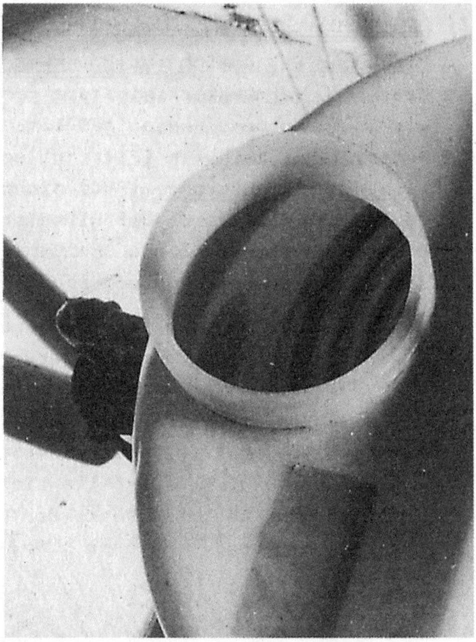

Hier wurde kräftig geplastet: Plastefaß als Wassertank, aufgeschnitten, Kupferrohrspirale als Druckwasser-Wärmetauscher reingehängt, Faß wieder zugeklebt (oberhalb Höchst-Wasserstand). Schon beim Bau wurden alle angeschlossenen Leitungen hochgebunden, um das Faß zu entlasten.

Mitte: Plexiglasrohr verformte sich völlig, obwohl entlastet mit Schlauchstücken angeschlossen.
rechts unten: Große Mutter am Anschluß ist gut. Aber diese war aus Plast und brach später! } linkes Photo
Rechtes Photo: Praktisch! Gestell aus Latten und Lumpen, voll Plast-Verpackungsmüll gekippt als Isolierung.

70 Schläuche, Rohre, Verbindungen:

Plastrohr ist üblich für Trinkwasser-Druckleitungen, aber auch für drucklose Warmwasserkreisläufe geeignet. Das normale schwarze Rohr wird, mit kochend Wasser gefüllt, weich genug zum Biegen und Verlegen. Material Polyaethylen (PE), gut schweißbar mit entspr. Vorrichtung. Plast-Kabelschutzrohre (PVC, nicht trinkwasserecht) gehen notfalls: Rohrbögen wollen sich bei Hitze strecken. Rohr und Klebverbindungen hielten Dauertest mit 80° heißem Wasser aus. Trotzdem Vorsicht, sind für Strom gedacht, und der läuft nicht so leicht raus wie Wasser...

Praktisch als Leitung (drucklos) sind Schläuche, s.S.62. Gummischläuche und PVC-Schläuche geben Gerüche an Heißwasser ab. Plastschlauch wird bei Heißwasser weich, abstützen gegen Einknicken und Durchhängen, vor allem bei ziemlich waagerechten Strecken (Luftblasen-Sammel-Gefahr). Drahtspiralen helfen gegen Einknicken bei Kurven (Zeichnung). Bei Unterdruck (zB Zapfstelle tiefer als Tank und Saugheberwirkung) Entlüftung in höchsten Punkt der Leitung, sonst saugt sich der Schlauch platt (Zeichnung). Weiteres s.S. 45

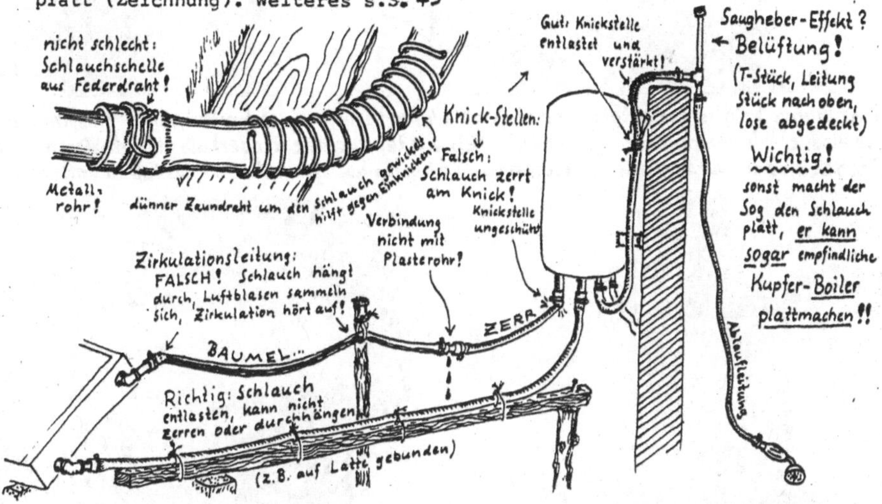

Schlauchende nicht auf Plastrohr stecken (& Schelle drum), Plastrohr wird bei Hitze weich, dünner, schon leckt's. Innen muß stets Metallrohr rein! Selten wird das Plast des Schlauches selbst so weit dünner, daß die Verbindung unsicher wird. Schlauchschellen aus Federstahldraht (aus Waschmaschrotten) sind dann besser als welche zum Schrauben, sie ziehen sich von selbst entsprechend enger.

Absorber aus Plast: zwar rostfrei, aber viel schlechter wärmeleitend als Eisenblech. Nur ganz spezielle Plaste sind lichtbeständig und hitzefest zugleich, lieber Schrott verbasteln als Absorbermatten kaufen.

Wärmetauscher (wie die Kupferrohrspirale S.53), aber nur für drucklos, trinkwasserecht aus 50-100 m PE-Rohr (heißwassergefüllt wickeln), billig eine 50-m-Rolle Gartenschlauch, aber nicht trinkwasserecht (PVC).

PVC = Giftmüll (chlorierte Kohlenwasserstoffe) NICHT KAUFEN!

Hähne, Armaturen: Wir finden alle Arten auf dem Schrott und in Abbruchhäusern, sogar sehr schöne alte.
Ganz einfache Anlagen brauchen keinen Hahn (s.S.43)

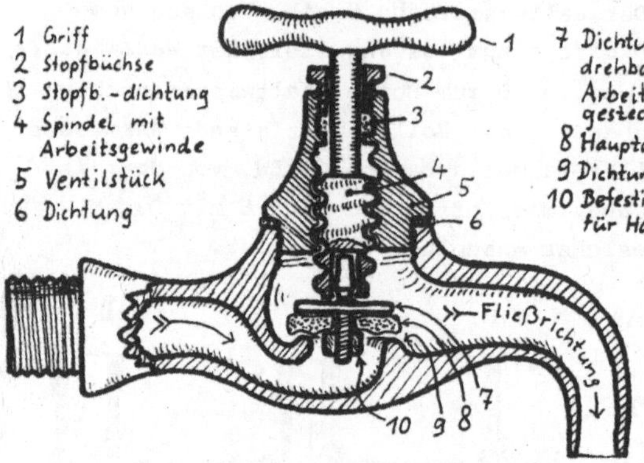

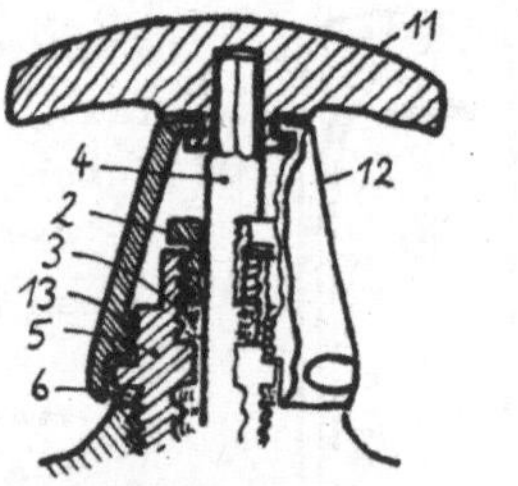

Fließrichtung: Vor allem Druckwasser darf nur in der vorgesehenen Richtung durchfließen, sonst drückt es die Dichtung zu, auch wenn Du aufdrehst.

Undicht ? Leckt es am Griff, ziehe die "Stopfbüchse" nach, nützt das nichts, Stopfbüchse raus, etwas Hanf und Fett rein, wieder zudrehen. Bei neueren Hähnen ist die Stopfbüchse von einer Kappe, die auch den Griff hält, verdeckt. Schließt der Hahn nicht, Ventilstück rausschrauben, Dichtung umdrehen oder notfalls wechseln. Material für Dichtungen: LKW-Felgenband, Fußbodenbelagplastik (PVC). Geht die Dichtung bald wieder kaputt, ist der Dichtungssitz rauh (Kalk usw). Lege ein Stückchen feines Schmirgelpapier um das Ende eines Rundholzes und schleife...

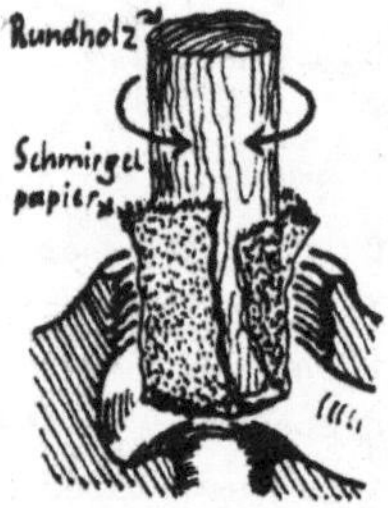

Besonderes.

Klospülventile: Aufbau siehe Bild. Schließt nicht? Dichtung und Dichtungssitz prüfen oder Gelenk des Schwimmerhebels gängig machen, es kann durch Kalk festgammeln.
Kommt zu wenig Wasser durch? Die Bohrung "B" ist oft winzig, Du kannst sie aufbohren, mußt dann evtl. einen größeren Schwimmer anbauen, damit sein Auftrieb zum Schließen reicht. Unter Wasser ist das Ventil ganz leise.

(72) Mischbatterien: Die für Druck bestehen einfach aus zwei Hähnen mit gemeinsamen Ausgang. Sie haben nur 2 Anschlüsse und einen (vielleicht Dusche-Wanne umschaltbaren) Ausgang. Drucklose Mischbatterien haben 3 Anschlüsse und innen andere Kanäle: Der Kaltwasserhahn K gibt den Weg vom Druck-Anschluß D direkt zum Ausgang frei. Der Warmwasserhahn W gibt den Weg von D zum Boiler-Kaltwasseranschluß BK frei. Das dann oben aus dem Boiler überlafende Warmwasser läuft in den Boiler-Warmwasseranschluß BW, von dort ist der Weg zum Ausgang immer offen. Du kannst mit Durchpusten prüfen, welcher Anschluß welcher ist.

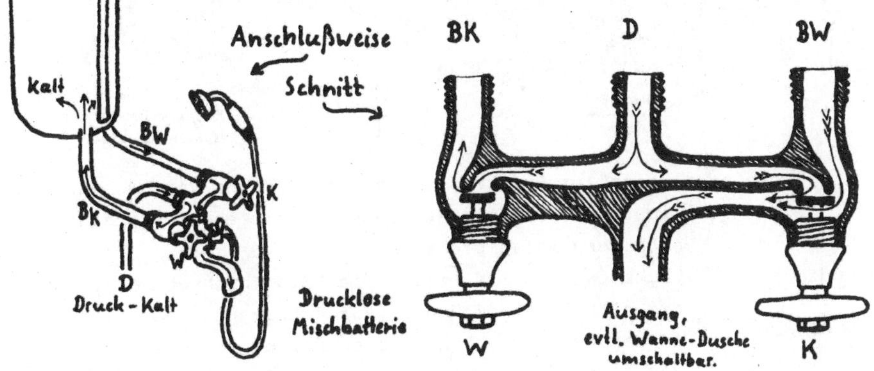

Drucklose Mischbatterie aus einer Druckbatterie gebastelt:
Warm-Eingang an Druck-Kaltwasser, Ausgang an Kaltwasseranschluß des Speichers, Kalt-Eingang zusammen mit Warmwasserausgang des Speichers an T-Stück, dritte Öffnung des T-Stücks an jetzigen Ausgang, der immer offen bleiben muß.

Drehst Du den W-Hahn auf, drückt Kaltwasser von unten in den Speicher, Warmwasser läuft oben über durchs T-Stück zum Ausgang. Du hast reines Warmwasser.

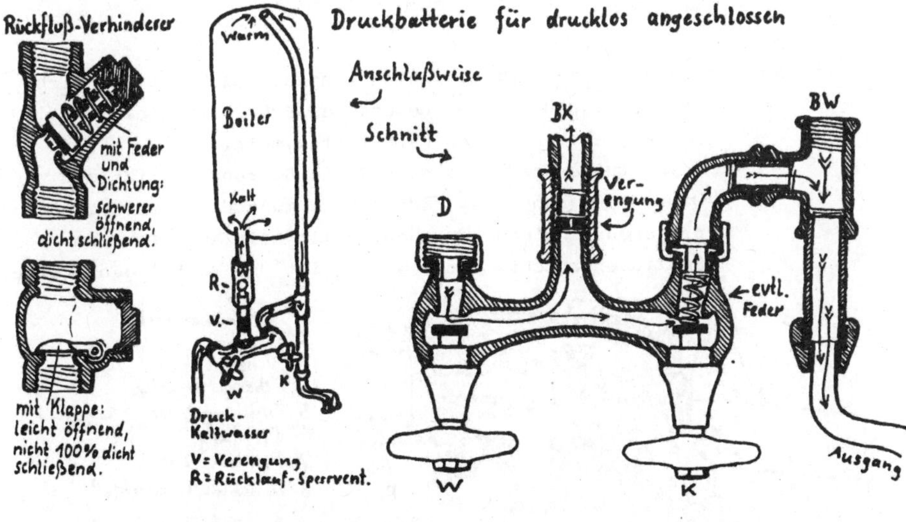

Drehst Du zusätzlich den K-Hahn auf, quält sich nur wenig Wasser durch die Verengung zum Speicher, sondern fließt lieber durch den K-Hahn direkt durchs T-Stück zum Ausgang. So kannst Du stufenlos bis "fast kalt" mischen.

Drehst Du nur den K-Hahn auf, läuft das Wasser unten aus dem Speicher raus und keins läuft nach. Um das zu vermeiden, baue einen "Rückflußverhinderer" in die Leitung (Weil hier das Wasser mit Druck ankommt, Selbstbau nicht nötig, fabrikmäßige vom Schrott eignen sich). Achtung: Das Wasser fließt falschrum durch den K-Hahn. Manche sehr alte Hähne öffnen dann nicht, Druckfeder hilft.

Überdruck-Sicherheitsventile sind wie Klokastenventile aufgebaut (S. 71), nur drückt statt dem Schwimmerhebel eine Feder drauf. Die Federspannung ist werksmäßig einjustiert. Hast Du das Ventil zur Reparatur auseinandergebaut, prüfe nachher, ob es nicht etwa bei Überdruck noch zu bleibt !! Notfalls die Feder nachstellen. Dichtung und Dichtsitz verschleißen langsam wie bei normalen Wasserhähnen.

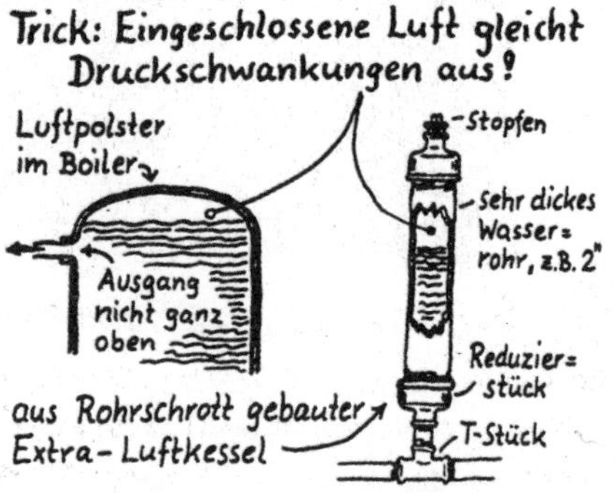

Trick: Baust Du ein Luftpolster in die Anlage, erzeugt nicht gleich jede kleine Wärmeausdehnung des Wassers Überdruck, das Ventil tropft nun viel seltener. Daher zur Funktionsprüfung ab und zu von Hand betätigen!

Kombination mit vorhandenen Haus-Warmwasseranlagen:

Willst Du nur wenige Zapfstellen (zB Küchenspüle und/oder Dusche/Badewanne) mit Sonnen-Warmwasser versorgen, kannst Du Dir den Bau eines komplizierten Kessels mit mehreren Wärmetauschern glatt sparen. Baue einfach die Dreifach-Mischbatterie:

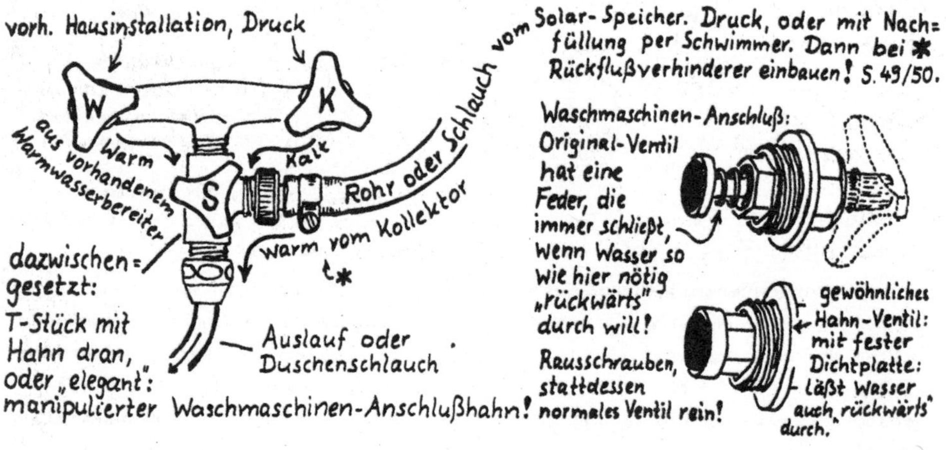

Sonnenwasser-Zusatzhahn an der vorhandenen Mischbatterie.

Für Warmwasser drehe Hahn "S" (Sonnenwasser) auf. Ist's zu heiß, öffne auch den vorhandenen Kaltwasserhahn "K". Ist das Sonnenwasser zu kalt, mische durch den vorhandenen "W"-Hahn etwas Unöko-Warmwasser zu, so kannst Du das Sonnenwasser "aufpeppen".

Besonders praktisch: an der vorhandenen Haus-Warmwasserinstallation wird nichts verändert! Nur ganz einfach den manipulierten Waschmaschinen-Anschlußhahn zwischen Mischbatterie und Auslauf/Duschenschlauch schrauben. Nachteil: zu jeder mit Sonnenwasser versorgten Zapfstelle mußt Du eine Extra-Sonnenwasserleitung legen - bei drucklos oder Druckminderer in der Zuleitung zum Sonnen-Wasserkessel geht das aber einfach mit Schläuchen.

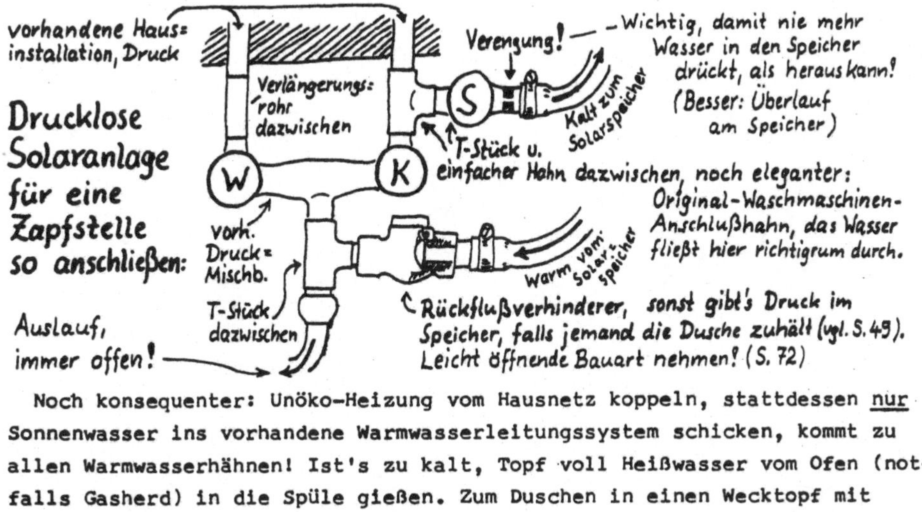

Noch konsequenter: Unöko-Heizung vom Hausnetz koppeln, stattdessen nur Sonnenwasser ins vorhandene Warmwasserleitungssystem schicken, kommt zu allen Warmwasserhähnen! Ist's zu kalt, Topf voll Heißwasser vom Ofen (notfalls Gasherd) in die Spüle gießen. Zum Duschen in einen Wecktopf mit drangebasteltem Schlauch zum Zusatzhahn an der vorhandenen Mischbatterie.

Eine Voll-Versorgung der ganzen Haus-Warmwasseranlage mit Sonnenwasser kannst Du so auch mit einem gewöhnlichen Schrott-Doppelmantelkessel (oder Eigenbau für Druckbetrieb, S. 52-55) und Umstellhahn erreichen:

Unterbrich die Kalt-Zuleitung vorm vorhandenen Wasserheizer (egal, ob der ein Durchlauferhitzer oder ein Boiler ist) und schließe den Sonnenkollektor-Kessel dazwischen. Du müßtest ihn ja sowieso irgendwo anschließen. Ein Umstellhahn mit Leitung am vorhandenen Wasserheizer vorbei direkt zur Warm-zu-den-Zapfstellen-Leitung gibt jetzt diese Möglichkeiten:

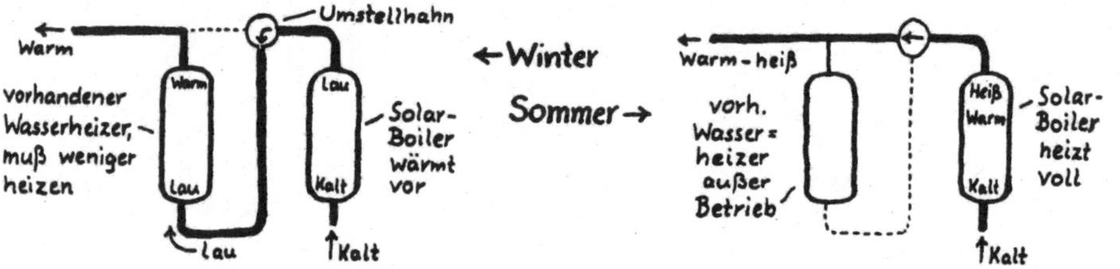

Im Winter heizt der Kollektor das Wasser schon vor, ehe es in den vorhandenen Heizer kommt. Bei genug Sonne stelle um, und das Sonnen-Wasser kommt direkt ins ganze Hauswassernetz! Pfiffig: alter Waschmaschinenthermostat am Sonnenboiler läßt eine Anzeige-LED leuchten, sobald sich das Umstellen auf Solar-direkt lohnt, oder steuert sogar einen Motor (Auto-Fensterheber o.ä.), der den Umstellhahn automatisch betätigt.

Als Umstellhahn gibt es sehr selten 3-Wege-Kugelventile im Schrott, öfter aber einfache Ventile, von denen Du zwei zugleich umstellen kannst, wenn Du die Hebel koppelst.

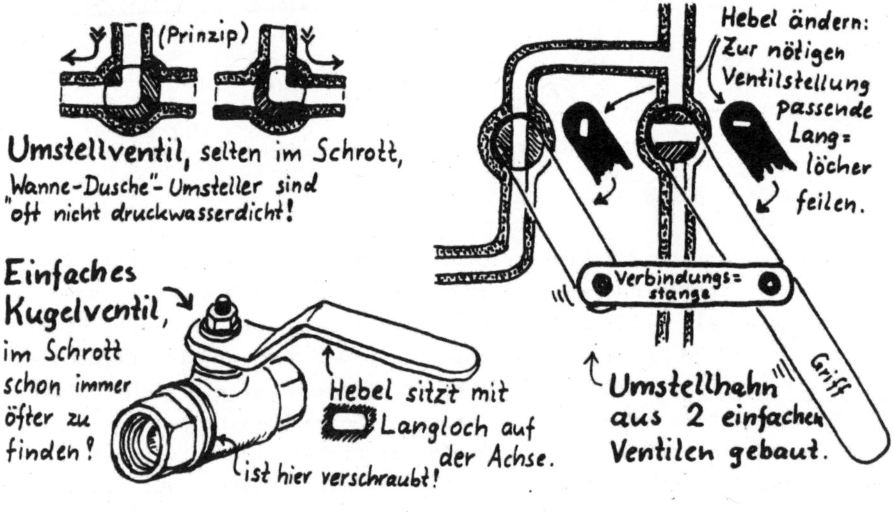

Auch ohne Spezialkessel:

Warmwasser-Voll-Versorgung mit Sonnen- und „Konventio"-Wasser.

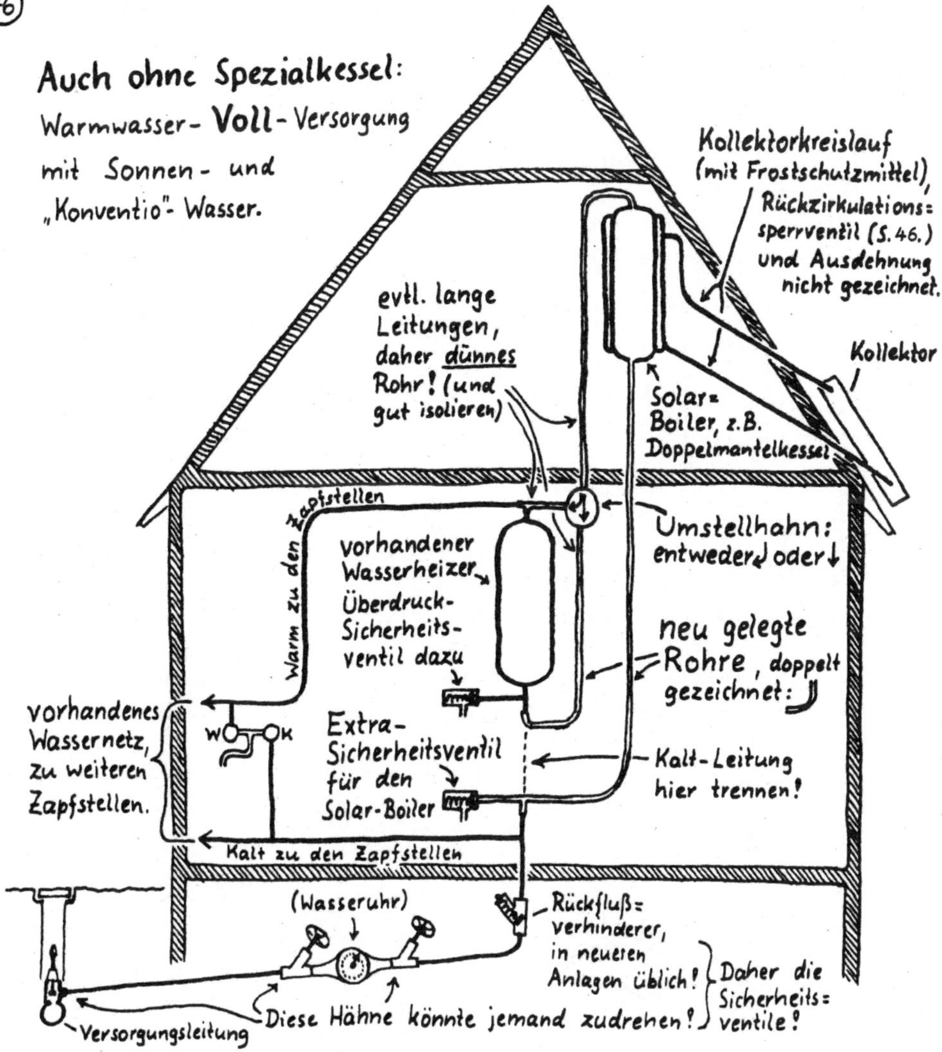

Ist der vorhandene Wasserheizer für "drucklos" geeignet (manche Durchlauferhitzer nicht!) und steht der Sonnen-Boiler wie hier gezeichnet deutlich höher als alle Zapfstellen, kannst Du ihn "Drucklos für mehrere Zapfstellen" (S. 49/50) ausführen und sparst Dir dadurch die Überdruck-Sicherheitsventile. Bleibt es eine Druck-Anlage, sind die Sicherheitsventile unentbehrlich: Das vom vorhandenen Heizer bleibt bei diesem. Der Sonnen-Boiler braucht auch ein eigenes Sicherheitsventil, denn es könnte passieren, daß mal beide Ventile des Umstellhahnes auf "Zu" stehen

bleiben, die Sonne munter heizt und sich das Wasser nicht rückwärts in die Kaltwasserleitung hinein ausdehnen kann...

Ansonsten wenig Installationsaufwand: nur 2 parallel laufende Rohre zwischen beiden Kesseln. Weil die oft lang sein müssen, nimm für die Warm-Leitungen unbedingt dünnes Rohr (max 1/2"), damit nur wenig Wasser ungenutzt drin stehen bleibt und kalt wird! Der Engpaß ist nämlich nicht das Rohr, sondern sitzt in den Wasserhähnen: die Bohrung darin hat oft unter 8 mm Ø! Also ist die Mär, daß man dicke Rohre braucht, energieverschwendender Blödsinn. Gute Isolierung der Rohre ist selbstverständlich.

Nachteil dieser Anlage mit zwei Boilern: im Sommer steht das Wasser im Konventio-Wasserheizer (der aber auch voll-öko mit Holzfeuer geheizt sein könnte) unnütz herum. Schön wär's, wenn gerade dann, wenn die Sonne das meiste Wasser heizen kann, alles Wasser im Haus als Warmwasser-Reserve mitgeheizt würde. Das geht in einem Kessel mit zwei Wärmetauschern:

Käufliche Anlage. Kessel gut, Steuerung voll daneben...

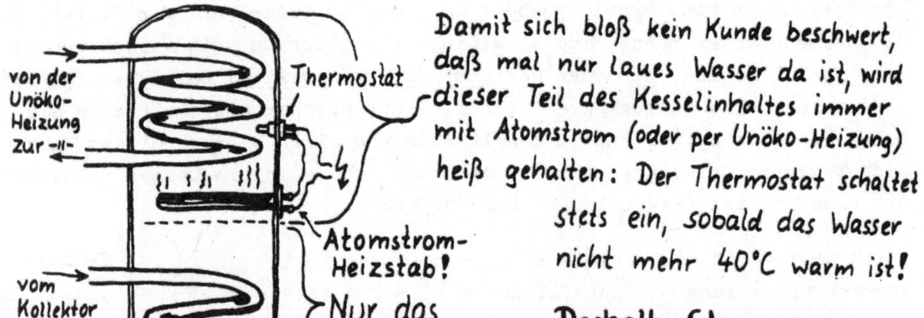

Deshalb: Steuerung so (um)bauen:

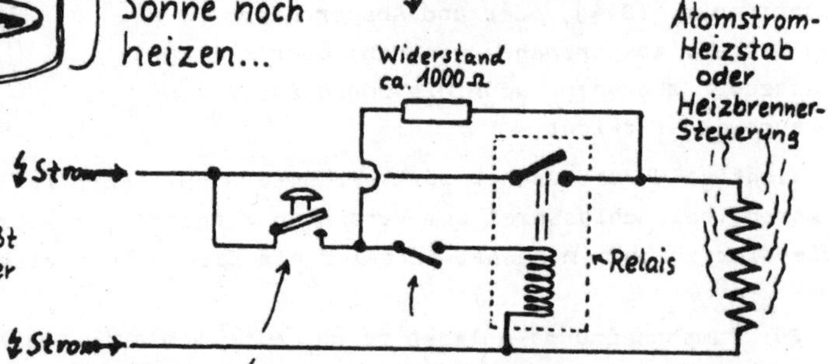

Bei käuflichen Anlagen ist ein Spezialkessel üblich mit einem Wärmetauscher unten für den Kollektor, und einem oben für die Unöko-Heizung (oder gar ein Atomstrom-Heizstab!). Kompakt, aber Beschiß: der halbe Kesselinhalt wird immer schon unöko aufgeheizt, bevor der Sonnenkollektor etwas ausrichten könnte. Du denkst, Du duschst mit Sonnenwasser und merkst gar nicht, daß es mit Atomstrom geheizt wurde! Deshalb manipuliere die Steuerung so, daß die Unöko-Heizung immer aus ist und nur bei Bedarf von Hand zugeschaltet werden kann, sich aber automatisch wieder abstellt, wenn der halbe Kesselinhalt warm ist. Selbstbau-Schaltplan hier. (S. 77)

<u>Kessel-Selbstbau:</u> In Ausführung "drucklos für viele Zapfstellen"(S. 50) kannst Du ziemlich einfach käufliche Kessel mit mehreren Wärmetauschern (auch Rohrschlangen) ganz ersetzen und brauchst kein Sicherheitsventil.

Muß es eine Druckanlage sein, kannst Du als Zusatzheizung leicht einen Atomstromheizstab (vom Schrott-E-Boiler) in Schrott-Doppelmantelkessel einbauen. Schutzanode nicht vergessen (S. 62), denn die Heizstäbe sind fast nie aus Eisen!

Mit einiger Schweißerei kriegst Du auch einen Wärmetauscher für Brennstoffheizungen hin. Problem dabei: Das Loch im Kessel bzw die Platte, die den Wärmetauscher trägt, muß so klein wie möglich und die Verschraubung sehr stabil werden, denn der <u>Wasserdruck ist gewaltig!</u> Bei 6 bar (Kg/cm^2) = normaler Leitungsdruck preßt auf eine nur postkartengroße Platte ein Druck von 1000 kg!! Platte und Haltering von alten E-Druckboilern haben sich bewährt: Heizstäbe raus, Wärmetauscherrohre in die Löcher schweißen. Als Dichtung ist LKW-Schlauch-Gummi brauchbar.

Achtung! Damit die Wärmetauscher - besonders bei Schwerkraftheizung - nicht falschrum arbeiten (das sonnengewärmte Brauchwasser erwärmt das Heizwasser und wird dadurch kalt) müssen Rückzirkulations-Sperrventil (S.46) oder/und Absperrhähne in die Leitungen. Absperrhähne von Hand oder thermostatgesteuert zudrehen, wenn die Sonne für warmes Brauchwasser reicht!

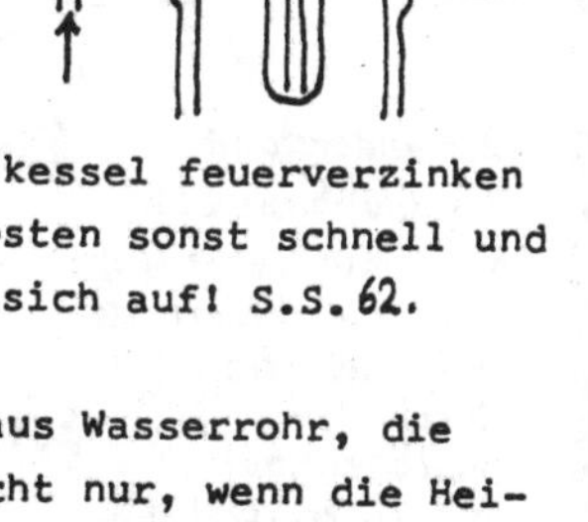

Wichtig: Wärmetauscher für verzinkte Doppelmantelkessel feuerverzinken lassen (bei Schlosserei zum Verzinken mitgeben), rosten sonst schnell und die Zinkschicht im Kessel (unedler als Eisen) löst sich auf! S.S. 62.

Für <u>Pumpenheizungs-Anlagen</u> reicht eine Schlaufe aus Wasserrohr, die nur eine kleine Einbauplatte braucht. Aber sie reicht nur, wenn die Heizung sowieso läuft, zum Mitheizen des Wassers. Zum schnellen Aufheizen bei extra nur dafür eingeschalteter Heizung ist so ein Wärmetauscher viel zu klein. Das Aufheizen würde viel zu lange dauern! (Zeichnung S. 79)

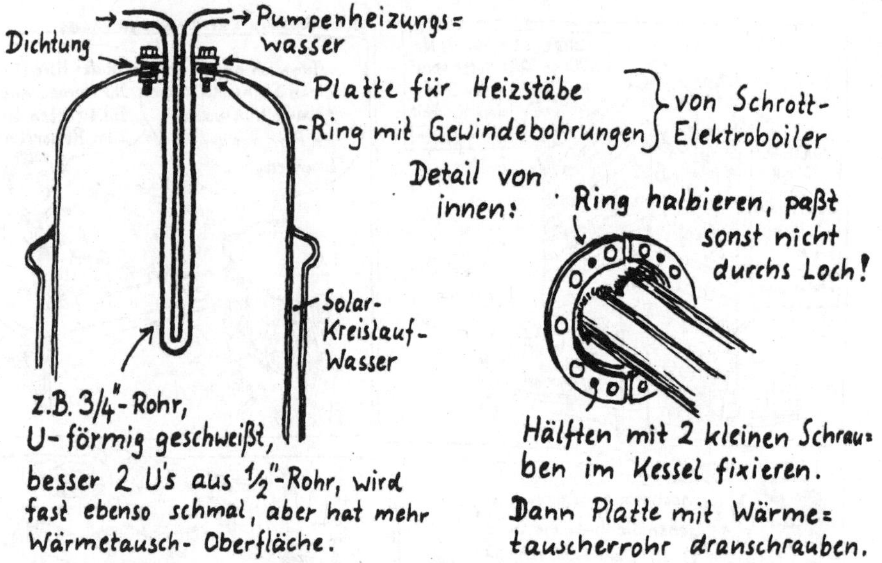

Bei Schwerkraftheizungen darf der Wärmetauscher die Zirkulationsströmung nicht behindern und muß eine größere Oberfläche haben. Da bewährt sich diese Bauart:

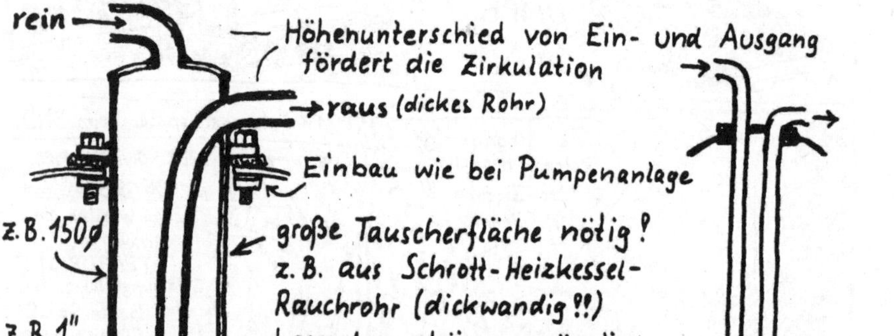

Vorteil: Schwerkraft-Heizungsanlagen dürfen auch mit Holzfeueröfen geheizt werden (Selbstbau zB in Ofenbau-Heft 5), und schon hast Du das ganze Jahr nur Öko-Warmwasser im Haus!

DAS ↑ ist die Wahrheit trotz grünmelierter Politik: Für eine Fabrik-Kollektoranlage von zB 4 m^2 darf man erstmal 10.000 Mark hinlegen, dann gibt's schlappe 1000 Mark "Förderung". Selbstbauer kriegen gar nix, offenbar interessiert es nicht, daß Sonnenenergie genutzt wird, sondern man will viel Geld in gewisse Taschen pumpen. Darum: Jetzt erst recht! Wir bauen genau so starke Anlagen aus Schrott für 200 Mark, da dürfen sich die Herren mal 20 Jahre lang am Heißwasser die Finger verbrennen...

AUFRUF: Wer ein "Sonnenwärme-Nutzungs-Werk" gebaut hat, schreibe uns, wer beim Bau nicht weiterkommt, ebenso. Wir werden versuchen, Kontakte zur gegenseitigen Hilfe zu vermitteln. Bitte Rückporto beilegen.

Christian Kuhtz, Selbstverlag "Einfälle statt Abfälle", Hagebuttenstraße 23, D-24113 Kiel (auch Bezugsquelle).